CAHIER DU JOUR
CAHIER DU SOIR

Maths
5e

Annie LE GOFF
Françoise PEYNAUD

Professeurs de Mathématiques

MAGNARD

Illustration de couverture : Laurent Kling

Couverture : Cécile Gallou
Réalisation : Linéale Production
Édition : Béatrix Lot
© Éditions Magnard, 2006, Paris.
www.magnard.fr

Aux termes du Code de la propriété intellectuelle, toute reproduction ou représentation intégrale ou partielle de la présente publication, faite par quelque procédé que ce soit (reprographie, microfilmage, scannérisation, numérisation...) sans le consentement de l'auteur ou de ses ayants droit ou ayants cause est illicite et constitue une contrefaçon sanctionnée par les articles L. 335-2 et suivants du Code de la propriété intellectuelle.
L'autorisation d'effectuer des reproductions par reprographie doit être obtenue auprès du Centre Français d'exploitation du droit de la Copie (CFC) 20, rue des Grands-Augustins – 75006 PARIS – Tél. : 01 44 07 47 70 – Fax : 01 46 34 67 19

DANGER LE PHOTOCOPILLAGE TUE LE LIVRE

Achevé d'imprimer par L.E.G.O. S.p.A. Lavis (Italie), en janvier 2009
Dépôt légal : fèvrier 2004 N° éditeur : 2009/056

SOMMAIRE

Les corrigés détachables se trouvent au centre de l'ouvrage.

ALGÈBRE

1. Expression numérique : addition et soustraction 4
2. Expression numérique : addition, soustraction, multiplication 5
3. Expression numérique : quotient 6
4. Distributivité de la multiplication par rapport à l'addition et à la soustraction : développement 7
5. Distributivité de la multiplication par rapport à l'addition et à la soustraction : factorisation 8
6. Calcul littéral 9
7. Puissances d'un nombre 10
8. Multiples et diviseurs d'un entier naturel 11
9. Écritures fractionnaires : proportion 12
10. Écritures fractionnaires : égalité 13
11. Fractions : comparaison 14
12. Fractions : addition et soustraction 15
13. Fractions : multiplication 16
14. Fractions : expressions numériques avec ou sans parenthèses 17
15. Nombres relatifs : introduction 18
16. Nombres relatifs : comparaison de nombres relatifs et droite graduée 19
17. Nombres relatifs : addition 20
18. Nombres relatifs : soustraction 21
19. Nombres relatifs : somme algébrique 22
20. Repère dans le plan 23
21. Test d'une égalité 24
22. Durée et horaire 25
23. Proportionnalité : 4e proportionnelle 26
24. Proportionnalité : taux de pourcentage 27
25. Proportionnalité : échelle 28
26. Proportionnalité : vitesse 29
27. Gestion de données : vocabulaire 30
28. Gestion de données : regroupement par classes 31
29. Gestion de données : fréquence 32
30. Gestion de données : diagrammes 33
31. Gestion de données : diagrammes circulaires 34

GÉOMÉTRIE

32. Angles : construction 35
33. Angles : vocabulaire 36
34. Angles : nouveaux types d'angles 37
35. Symétrie centrale : centre de symétrie (définition et construction) 38
36. Symétrie centrale : symétrique d'une figure 39
37. Symétrie centrale et angles : propriété directe 40
38. Symétrie centrale et angles : réciproque 41
39. Parallélogramme : définition et propriété des diagonales 42
40. Parallélogramme : propriétés 43
41. Le parallélogramme : démonstrations 44
42. Triangle : somme des angles 45
43. Triangle : inégalité triangulaire 46
44. Triangle : hauteurs et médianes 47
45. Cercle circonscrit à un triangle 48
46. Quadrilatères : le losange 49
47. Quadrilatères : le rectangle 50
48. Quadrilatères : le carré 51
49. Quadrilatères : synthèse 52
50. Aire du parallélogramme, triangle et disque 53
51. Calcul de l'aire d'une figure : découpage et recomposition 54
52. Prisme droit : présentation 55
53. Prisme droit : patron, aire latérale 56
54. Cylindre de révolution : présentation 57
55. Cylindre de révolution : patron et aire latérale 58
56. Unités de volume : conversion 59
57. Volume du prisme droit et du cylindre de révolution 60

1 Expression numérique : addition et soustraction

J'observe et je retiens

■ **Règle n° 1** : dans une expression numérique sans parenthèses comportant des additions et des soustractions, on effectue successivement les opérations de la gauche vers la droite.

■ **Règle n°2** : dans une expression numérique comportant des parenthèses, on commence par effectuer les calculs à l'intérieur des parenthèses.

Dans le cas où l'expression comporte plusieurs niveaux de parenthèses, on commence par effectuer le calcul de la parenthèse qui est située le plus à l'intérieur de l'écriture.

Exemples :

Calcul de A = 105 − 22,8 − 15,5 + 10,3
On applique la règle n° 1.
A = 105 − 22,8 − 15,5 + 10,3
A = 82,2 − 15,5 + 10,3
A = 66,7 + 10,3
A = 77

Calcul de B = [165 − (25 + 6)] − 72 + [34 − (11,5 + 8,5)]
On applique la règle n° 2 dans chaque crochet.
On applique la règle n° 1 dans chaque parenthèse.
B = [165 − (25 + 6)] − 72 + [34 − (11,5 + 8,5)]
B = [165 − 31] − 72 + [34 − 20]
B = 134 − 72 + 14
On applique la règle n° 1.
B = 134 − 72 + 14
B = 62 + 14
B = 76

J'applique

1 Calcule les expressions numériques suivantes :

A = 95 − 48 + 52   B = (95 − 48) + 52   C = 175 − (48 + 52)   D = 115 − 52 − 48
A = _____   B = _____   C = _____   D = _____
A = _____   B = _____   C = _____   D = _____

2 Calcule les expressions numériques suivantes :

E = 8,5 + [15 − (6 + 5)]   F = [17 − (9,5 −3)] − 3,2   G = 52,5 + 7,5 − (53,5 − 4,5)   H = (71 − 30,9) − [40 − (35 − 5)]
E = _____   F = _____   G = _____   H = _____
E = _____   F = _____   G = _____   H = _____

3 Complète les phrases à l'aide des lettres A, B, C.

A = (19 − 8) + 5   B = (12 + 4) − (20 − 6)   C = (12 − 4) + (20 − 6)

1. _____ est la somme de la différence des nombres douze et quatre et de la différence des nombres vingt et six.
2. _____ est la différence entre la somme des nombres douze et quatre et la différence des nombres vingt et six.
3. _____ est la somme de la différence des nombres dix-neuf et huit et du nombre cinq.

4 Léa achète un cahier à 5,40 €, un paquet de feuilles perforées et un livre à 15,50 €. Le montant total de ses achats est 24,70 €. Combien coûte le paquet de feuilles perforées ?

Le paquet de feuilles perforées coûte : 24,70 − (_____ + _____) = _____ − _____ = _____

Je m'entraîne

5 Claire achète un album de bandes dessinées à 4,75 €, un CD à 16 € et un DVD à 7,80 €. Elle paie avec un billet de 50 €. Quelle somme rend-on à Claire ?

6 Loïc possède 250 € d'économie sur son compte épargne et 53 € dans son porte-monnaie. Il veut s'acheter pour son anniversaire un lecteur de CD qui coûte 150 € et un CD à 23,75 €. Ses parents lui donnent 50 €.

Quelle somme d'argent Loïc doit-il retirer de son compte épargne pour faire ses achats ? Quel montant lui restera-t-il ?

2 Expression numérique : addition, soustraction, multiplication

J'observe et je retiens

« 4 multiplié par 21 plus 9 », comment savoir s'il s'agit de (4 × 21) + 9 ou bien de 4 × (21 + 9) ?
Sans voir l'expression écrite, c'est le vocabulaire qui permet de savoir de quelle expression il s'agit.
(4 × 21) + 9 est la somme du produit de 4 par 21 et de 9.
4 × (21 + 9) est le produit de 4 et de la somme de 21 et de 9.
(4 × 21) + 9 se calcule ainsi : (4 × 21) + 9 = 84 + 9 = 93.
4 × (21 + 9) se calcule ainsi : 4 × (21 + 9) = 4 × 30 = 120.
Pour alléger l'écriture, il a été décidé que dans l'écriture (4 × 21) + 9, les parenthèses sont inutiles.

- Dans une expression numérique sans parenthèse, on commence par effectuer le calcul de la multiplication avant celui de l'addition et de la soustraction.
- Dans une expression numérique comportant des parenthèses, on commence par calculer le contenu des parenthèses et à l'intérieur d'une parenthèse, on applique la règle précédente.

Exemple :
48 + 5 × 7 = 48 + 35 = 83   (48 + 5) × 7 = 53 × 7 = 371
47 − 3 × (5 + 2) + 18 = 47 − 3 × 7 + 18 = 47 − 21 + 18 = 26 + 18 = 44

J'applique

1 Calcule mentalement :

(7 + 8) × 3 = _____ ; 6 × 31 − 20 = _____ ; 36 − (6 +2) × 4 = _____ ; [14 − (0,2 × 5 + 8)] × 6 = _____

2 Calcule les expressions suivantes, souligne le calcul qui doit être effectué à chaque étape de calcul.

A = 41 − (16 + 4 × 0,5)   B = 12 × 8 − 15 + 5 × 9   C = (61 − 22) × (13,6 − (4,1 + 7,5))
A = _____   B = _____   C = _____
A = _____   B = _____   C = _____
A = _____   B = _____   C = _____
A = _____   B = _____   C = _____

3 Traduis chaque expression par une expression mathématique, puis calcule l'expression.

A est la somme de 29 et du triple de 15.   A = _____
B est le produit de 25 par la différence de 132 et 92.   B = _____
C est la somme du produit de 0,25 par 4 et du double de 17.   C = _____
D est la différence de 72 centièmes et du produit de 4 par 18 centièmes. D = _____

4 Alexandre, Arthur et Alice ont acheté deux plaquettes de chocolat à 0,75 € l'une, trois bouteilles de jus de fruits à 1,90 € l'une et un gâteau à 7,50 €. Arthur et Alice ont donné 5 € chacun et Alexandre 6 €. Calcule la somme qu'il leur restera.
Pour cela, écris une expression numérique faisant intervenir tous les renseignements de l'énoncé, qui permet de calculer la somme d'argent qu'il lui reste.

Je m'entraîne

5 Place des parenthèses pour que les égalités soient vraies.

6 + 5 × 4 − 3 − 2 + 1 = 44   6 + 5 × 4 − 3 − 2 + 1 = 26
6 + 5 × 4 − 3 − 2 + 1 = 10   6 + 5 × 4 − 3 − 2 + 1 = 8

3 Expression numérique : quotient

J'observe et je retiens

Dans l'écriture 8 + 7 : 5, la division est **prioritaire**, on doit donc l'effectuer avant le calcul de l'addition.
8 + 7 : 5 = 8 + 1,4 = 9,4

> ■ Dans une expression sans parenthèse, la division est prioritaire sur l'addition et la soustraction.
> L'écriture $\dfrac{21}{5+7}$ correspond à l'écriture 21 : (5 + 7) et se calcule donc 21 : 12 = 1,75.
> ■ Dans une écriture fractionnaire, on effectue les calculs du numérateur et du dénominateur, puis on calcule le quotient.

Dans l'écriture $\dfrac{\frac{17}{4}}{5}$, c'est la position des traits de fraction qui permet de savoir si on doit calculer (17 : 4) : 5 ou bien 17 : (4 : 5).

(17 : 4) : 5 sera égal à $\dfrac{\frac{17}{4}}{5}$, alors que 17 : (4 : 5) sera égal à $\dfrac{17}{\frac{4}{5}}$.

Il faudra être attentif à la position du trait de fraction par rapport au signe d'égalité ou du signe opératoire.

Exemple : $29 + \dfrac{18}{\frac{5}{2}}$ correspond à 29 + 18 : (5 : 2) et se calcule 29 + 18 : 2,5 = 29 + 7,2 = 36,2

J'applique

1 Calcule :

$\dfrac{18 + 9}{13 - 4} =$ _____ $\dfrac{7 + 5 \times 18}{4 \times 5} =$ _____

$\dfrac{73 - 8 + 9}{5 \times (13,2 - 9,2)} =$ _____ $\dfrac{(29 - 25) \times (151 - 28)}{13 - 4,5 \times 2} =$ _____

2 Calcule les expressions suivantes, souligne le calcul qui doit être effectué à chaque étape de calcul.

72 : 8 + 2 = _____
49 − 4 × 5 + 17 − 15 : 2 + 3 = _____
4 500 : (300 + 6 × 200) = _____

3 Comment écrit-on les expressions avec des traits de fraction ? Calcule-les.

(144 : 24) : 4 = _____ 144 : (24 : 4) _____

4 Calcule chaque expression.

$84 - \dfrac{4 \times 5,25}{15} =$ _____ $\dfrac{36 + 1,5 \times 2}{28 - 7,5 \times 2} =$ _____ $120 + 4 \times \dfrac{32 : 8 + 5}{0,7 + 5,3} =$ _____

Je m'entraîne

5 Écris mathématiquement, puis calcule :

1. Le quotient de la somme de 33 et 127 par le produit de 800 et 0,5.
2. La somme de 7 dixièmes et du quotient de 48 dixièmes par 6.

4 Distributivité de la multiplication par rapport à l'addition ou à la soustraction : développement

J'observe et je retiens

Quand on calcule les deux expressions A = (5 + 8) × 3 et B = 5 × 3 + 8 × 3, on utilise les règles des fiches 1 et 2.
On a A = (5 + 8) × 3 = 13 × 3 = 39 et B = 5 × 3 + 8 × 3 = 15 + 24 = 39.
On remarque que A = B, c'est-à-dire que (5 + 8) × 3 = 5 × 3 + 8 × 3.

■ Plus généralement pour l'addition
$(a + b) \times m = a \times m + b \times m$ pour des nombres décimaux a, b et m.
On dira en français : le produit du nombre m et de la somme de deux nombres a et b est égal à la somme des produits am et bm.
Passer de $(a + b) \times m$ à $a \times m + b \times m$ s'appelle **développer**.
On dit qu'on a **distribué** le nombre m aux termes a et b de la parenthèse $(a + b)$.

■ Plus généralement pour la soustraction
$(a - b) \times m = a \times m - b \times m$ pour des nombres décimaux a, b et m.
On dira en français : le produit du nombre m et de la différence de deux nombres a et b est égal à la différence des produits am et bm.
Passer de $(a - b) \times m$ à $a \times m - b \times m$ s'appelle **développer**.
On dit qu'on a **distribué** le nombre m aux termes a et b de la parenthèse $(a - b)$.

J'applique

1 Développe puis calcule :

D = 8 × (17 + 2,5)   E = 10 × (25 − 6 + 4)   M = 9 × (23 − 4,2)   N = 20 × (45 − 16 + 4)
D = _____   E = _____   M = _____   N = _____
D = _____   E = _____   M = _____   N = _____
D = _____   E = _____   M = _____   N = _____

2 **1.** Sachant que 695 × 24 = 16 680, calcule 795 × 24 et 695 × 34.

795 × 24 = (695 + _____) × 24 = _____ × 24 + 100 × _____ = _____
695 × 34 = _____

2. À l'aide des calculs précédents, trouve le résultat de 795 × 340.
795 × 340 = _____

3 **Comment calculer rapidement 238 × 99 ?** On sait que 99 = 100 − 1. On remplace dans la multiplication 99 par 100 − 1 et on développe l'expression : 238 × 99 = 238 × (100 − 1) = 238 × 100 − 238 × 1 = 23 800 − 238 = 23 562.
Fais de même avec 238 × 101 ; 795 × 99 ; 35 × 104.

Je m'entraîne

4 Pour poster un colis, il faut un timbre à 1,02 € et un timbre à 0,50 €. Antoine doit expédier 8 paquets identiques. Écris de 2 manières différentes en une seule expression la somme qu'il devra donner.

5 La figure ci-contre représente un grand champ rectangulaire ABCD.
Ce champ a été partagé en deux champs rectangulaires AJID et JBCI.
Sachant que a = 240 m, b = 150 m et k = 90 m, calcule de deux manières différentes l'aire du champ ABCD.

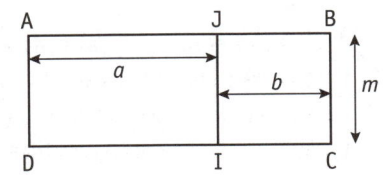

5 Distributivité de la multiplication par rapport à l'addition ou à la soustraction : factorisation

J'observe et je retiens

Dans la fiche précédente, tu as utilisé l'égalité $(a + b) \times m = a \times m + b \times m$. Cette égalité peut se lire dans l'autre sens de gauche à droite. Dans ce cas, on lit : $a \times m + b \times m = (a + b) \times m$. On a transformé la somme des termes $a \times m$ et $b \times m$ en un produit, celui de $a + b$ et de m.

■ **Pour l'addition :**
Pour n'importe quels nombres décimaux a, b et m, on a : $a \times m + b \times m = (a + b) \times m$.
La somme des produits $a \times m$ et $b \times m$ est égale au produit de la somme $a + b$ et de m.

Quand on transforme $a \times m + b \times m$ en $(a + b) \times m$, on dit qu'on **factorise** l'expression $a \times m + b \times m$.
Dans l'expression $a \times m + b \times m$, le nombre m est le **facteur commun des produits** $a \times m$ et $b \times m$.
Cela veut dire que m est un facteur en commun dans les produits $a \times m$ et $b \times m$.

■ **Pour la soustraction :**
Pour n'importe quels nombres décimaux a, b et m on a : $a \times m - b \times m = (a - b) \times m$.
La différence des produits $a \times m$ et $b \times m$ est égale au produit de la différence $a - b$ et de m.

Exemples : $28 \times 2\,531 + 72 \times 2\,531 = (28 + 72) \times 2\,531 = 100 \times 2\,531 = 253\,100$
$4,9 \times 13,7 - 4,9 \times 3,7 = 4,9 \times (13,7 - 3,7) = 4,9 \times 10 = 49$
$2 \times a + 6 \times a = (2 + 6) \times a = 8 \times a = 8a$. Dans ce cas, la lettre a représente un même nombre. C'est comme si tu disais que additionner 2 bonbons et 6 bonbons, c'est avoir 8 bonbons.

J'applique

1 Calcule après avoir factorisé :

A = 127 × 12 − 127 × 2
A = _____
A = _____

B = 14,5 × 47,95 + 14,5 × 2,05
B = _____
B = _____

C = 21,564 × 2,47 + 21,564 × 7,53
C = _____
C = _____

2 Calcule après avoir factorisé :

D = 6 × 204,52 + 21 × 204,52 − 7 × 204,52
D = _____
D = _____

E = (9 × 71,23 + 2 × 71,23) + (7 × 28,77 + 4 × 28,77)
E = _____
E = _____

Je m'entraîne

3 Pierre a acheté 6 cartons de jus de fruits ce mois-ci et 5 cartons des mêmes jus de fruits le mois dernier. Chaque carton contient 12 bouteilles de jus de fruits.
1. Écris l'expression A qui permet de calculer le nombre de bouteilles achetées ce mois-ci.
2. Écris l'expression B qui permet de calculer le nombre de bouteilles achetées le mois dernier.
3. Écris la somme des expressions A et B. Transforme cette somme en un produit et calcule-le.
4. Qu'as-tu calculé ?

4 Chaque semaine, Laurent achète un journal à 1,30 € et un magazine à 3,50 €.
1. Calcule la dépense par mois (ou 4 semaines) pour l'achat du journal.
2. Calcule la dépense par mois pour l'achat du magazine.
3. Calcule de deux manières différentes la dépense totale par mois.

6 Calcul littéral

J'observe et je retiens

Le calcul littéral, c'est du calcul où des lettres désignent des nombres.
Exemple : l'écriture 2(L + l) correspond au calcul du périmètre d'un rectangle de longueur L et de largeur l. Elle dit que le périmètre d'un rectangle est le double de la somme de sa longueur et de sa largeur.

> ■ **Écriture d'une expression littérale :** pour rendre l'écriture plus simple, on peut supprimer le signe × devant une lettre ou devant une parenthèse.

Exemple : $5 \times x$ s'écrit $5x$; $8 \times (y + 3)$ s'écrit $8(y + 3)$.
L'écriture $a \times a$ peut être remplacée par a^2 (le carré du nombre a), l'écriture $a \times a \times a$ peut être remplacée par a^3 (le cube de a).

> ■ **Calcul dans une expression littérale :** pour calculer une expression littérale pour une certaine valeur des nombres désignés par une lettre, on remplace les lettres par leur valeur et on effectue le calcul avec les règles de calcul habituelles.

Exemple : calcul de $(3x + 7)(x + 4)$ pour $x = 8$. $(3 \times 8 + 7)(8 + 4) = 31 \times 12 = 372$.
On peut utiliser les règles de développement et factorisation.
Développement : $4(7 + t) = 4 \times 7 + 4 \times t = 28 + 4t$.
Factorisation : $7y + 42 = ⑦ \times y + ⑦ \times 6 = ⑦(y + 6)$; $t^2 - 8t = ⓣ \times t - 8 \times ⓣ = t(8 - ⓣ)$.
Réduire une expression littérale : dans l'expression $4a + 6a$, a est un facteur commun, on peut donc le factoriser.
$4a + 6a = 4 \times a + 6 \times a = a \times (4 + 6) = 10a$. Faire cette transformation s'appelle réduire l'expression.
Exemple : $5a^2 + 8 + 7a - 3a^2 + 12a - 6 = 5a^2 - 3a^2 + 7a + 12a + 8 - 6 = a^2(5 - 3) + a(7 + 12) + 8 - 6 = 2a^2 + 19a + 2$.

J'applique

❶ Écris plus simplement :

$8 \times t =$ _____ ; $15 + x \times x =$ _____ ; $13 \times (9 + y) =$ _____ ; $x \times y - 4 \times (x \times x + 6) =$ _____

❷ Écris mathématiquement :

La différence de 42 et du triple de y : _____
Le quart de la somme de a et de 9 : _____
Le double de la somme de t et du produit de 6 par u : _____

❸ Calcule les expressions pour les valeurs de x proposées.

Valeurs de x	A = 5x + 7	B = 31 − 2x	C = 8 + 2x²
x = 0,5			
x = 9			

❹ Développe, puis réduis si c'est possible :

$15(x - 4) =$ _____ $2(x + 8) - 4 =$ _____ $4(2x + 1) + 5(7 - x) =$ _____

❺ Factorise :

$12x + 16 =$ _____ $27 - 9y =$ _____ $3x + x^2 + 8x =$ _____

Je m'entraîne

❻ Un carré a un côté qui mesure x, un rectangle a pour longueur $y+6$ et une largeur y. Exprime le périmètre P_1 du carré en fonction de x et le périmètre P_2 du rectangle en fonction de y. Calcule P_1 et P_2, avec en 1er cas : $x = 3$, $y = 4$; 2e cas : $x = 11$, $y = 5$; 3e cas : $x = 5$, $y = 2$. Dans chaque cas, compare P_1 et P_2.

❼ Choisis un nombre x ; multiplie le par 4 ; ajoute 6 ; multiplie le résultat par 5 ; soustrais 30.
Comment peut-on trouver le nombre x, en connaissant le résultat final ?

7 Puissances d'un nombre

J'observe et je retiens

L'expression 2 × 2 × 2 × 2 × 2 × 2 est le produit de 6 facteurs égaux à 2. Cette expression vaut 64.
Pour simplifier l'écriture de l'expression 2 × 2 × 2 × 2 × 2 × 2, il existe une notion mathématique, la puissance de 2 qui s'écrit 2^6. Donc 2^6 = 2 × 2 × 2 × 2 × 2 × 2 = 64, il s'agit de la puissance de 2 d'exposant 6.

- a étant un nombre quelconque, la puissance de a d'exposant n est le produit de n facteurs égaux au nombre a. On note cette puissance a^n.

Exemple : 3^4 est la puissance de 3 d'exposant 4, elle remplace le produit 3 × 3 × 3 × 3 et vaut 81.

- Quand l'exposant est égal à 2, l'écriture a^2 est appelée **le carré** de a.
- Quand l'exposant est égal à 3, l'écriture a^3 est appelée **le cube** de a.

Exemples : Le carré de 12 s'écrit 12^2, remplace 12 × 12 et vaut 144.
Le cube de 7 s'écrit 7^3, remplace 7 × 7 × 7 et vaut 343.

- On retrouve cette notion de puissance quand on calcule l'aire d'une figure et le volume d'un solide. (Voir fiches 50 et 56).
L'aire d'un carré de coté a est égale à a^2. Le volume d'un cube d'arête a est égal à a^3.
Dans les conversions d'aire ou de volume dans des unités différentes interviennent aussi les puissances.
Exemples : $1m^2$ = 100 dm^2 ou encore $1m^2$ = 10^2 dm^2 ; $1m^2$ = 10 000 cm^2 ou encore $1m^2$ = 10^4 cm^2 ; $1m^3$ = 1 000 dm^3 ou encore $1m^3$ = 10^3 dm^3 ; $1m^3$ = 1 000 000 cm^3 ou encore $1m^3$ = 10^6 cm^3.

J'applique

1 Calcule :

A = 3^4 = _____   B = 2^3 = _____   C = 32^2 = _____   D = $0,8^4$ = _____

E = 1^5 = _____   F = $1,2^3$ = _____   G = 5^7 = _____   H = $(\frac{7}{3})^2$ = _____

2 Écris mathématiquement, puis calcule :

Le carré de 8 : _____   Le cube de 0,2 : _____
Le carré de 1,3 : _____   Le cube de 3 : _____
Le carré de $\frac{2}{3}$: _____   Le cube de $\frac{5}{2}$: _____

3 Exprime les aires dans les unités demandées :

$4m^2$ = _____ dm^2 = _____ cm^2 $13,5 dm^2$ = _____ cm^2 $0,2 m^2$ = _____ dm^2 = _____ cm^2
$418 cm^2$ = _____ mm^2 = _____ dm^2

4 Exprime les volumes dans les unités demandées :

$6 m^3$ = _____ dm^3 = _____ cm^3 $0,8 dm^3$ = _____ cm^3 $350 cm^3$ = _____ dm^3

Je m'entraîne

5 Dessine le plan à l'échelle $\frac{1}{500}$ d'un jardin rectangulaire mesurant 80 m de long sur 30 m de large. Dessine dans un coin la cabane du jardinier qui est un carré de 6m de côté (voir fiche 25).
Calcule l'aire de la surface disponible dans le jardin en m^2, puis en cm^2.
Calcule l'aire de la surface disponible du jardin sur le plan en cm^2.
Quel est le rapport entre les deux aires exprimées en cm^2 ? Exprime ce rapport comme une puissance de 500.
Complète la phrase : la surface sur le plan est _____ fois plus _____ que la surface réelle.

8 Multiples et diviseurs d'un entier naturel

J'observe et je retiens

Cette fiche sera souvent utile pour simplifier des fractions ou calculer le résultat d'expression numérique avec des écritures fractionnaires (fiches 9 à 14).

Exemple : Une classe de 5e de 30 élèves d'un collège loue un autocar pour faire une sortie au palais de la découverte. Le montant de la location est de 120 €. On dit que 120 est un multiple de 30. Le nombre 120 est le produit de 30 par le nombre entier naturel 4. Autrement dit la division de 120 par 30 tombe juste avec pour quotient entier 4.
On peut donc dire que 30 est un diviseur de 120.

- Le nombre entier naturel a est un multiple de l'entier naturel non nul b, si il existe un entier naturel unique q tel que $a = b \times q$.

- L'entier naturel b est un diviseur de l'entier naturel a si et seulement si a est un multiple de b ou bien $\frac{a}{b} = q$ signifie que $a = b \times q$.

Exemple : Le nombre 72 est un multiple de 1 ; 2 ; 3 ; 4 ; 6 ; 8 ; 9 ; 12 ; 18 ; 24 ; 36 et 72.
On peut écrire $72 = 1 \times 72$; $72 = 2 \times 36$; $72 = 3 \times 24$; $72 = 4 \times 18$; $72 = 6 \times 12$; $72 = 8 \times 9$.

- Si M est un multiple à la fois des nombres n et p alors M est un multiple commun de n et de p.

On a : $120 = 40 \times 3$ et $120 = 60 \times 2$. 120 est un multiple commun de 30 et de 40.

- Un nombre entier est divisible par 2, si son chiffre des unités est 0 ou 2 ou 4 ou 6 ou 8.
- Un nombre entier est divisible par 5, si son chiffre des unités est 0 ou 5.
- Un nombre entier est divisible par 3, si la somme de ses chiffres est divisible par 3.
- Un nombre entier est divisible par 9, si la somme de ses chiffres est divisible par 9.
- Un nombre entier est divisible par 4, si le nombre formé par ses deux derniers chiffres est divisible par 4.
- Un nombre entier est divisible par 25, si le nombre formé par ses deux derniers chiffres est divisible par 25.

Exemple : L'entier naturel 540 est à la fois divisible par 2 ; par 5 et par 9 donc il est divisible par $2 \times 5 \times 9 = 90$.
540 est à la fois divisible par 2 et par 5 car son chiffre des unités est zéro.
540 est divisible par 9 car la somme de ses chiffres est divisible par 9 ($5 + 4 + 0 = 9$ et 9 est divisible par 9).

J'applique

1 Écris les multiples de 11 inférieurs à 87 : _____

2 Écris les multiples de 17 inférieurs à 200 et supérieurs à 100 : _____

3 Écris les 15 premiers multiples de 68 : _____

Je m'entraîne

4 Quels sont les nombres entiers pairs de 4 chiffres dont le chiffre des centaines est 7, strictement inférieurs à 3 000 qui sont multiples de 3 et de 5 ?

5 Au CDI du collège Albert Camus, il y avait entre 250 et 300 CD. En les groupant par 2 ou par 3 ou par 5, « c'est pareil : il en reste 1 ». Combien y a t-il exactement de CD ?

6 Les phrases suivantes sont-elles vraies ou fausses ?

35 est un multiple de 5	Vrai	Faux	125 a pour multiple 15	Vrai	Faux
6 est un diviseur de zéro	Vrai	Faux	10 est un multiple 20	Vrai	Faux
19 a pour diviseur 3	Vrai	Faux	0 est un diviseur de 45	Vrai	Faux
0 est un multiple de 76	Vrai	Faux	1 divise n'importe quel entier naturel	Vrai	Faux

9 Écritures fractionnaires : proportions

J'observe et je retiens

Les différents visages d'une fraction :

– **1re interprétation** : $\frac{5}{8}$, c'est 5 fois $\frac{1}{8}$.

Dans le rectangle ci-contre, chaque carreau représente $\frac{1}{8}$ du rectangle.

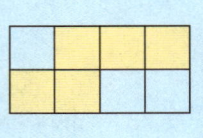

Donc la partie coloriée représente $\frac{5}{8}$ du rectangle.

– **2e interprétation** : $\frac{5}{8}$ est le nombre par lequel il faut multiplier 8 pour trouver 5, c'est-à-dire le nombre dont le produit par 8 est égal à 5, soit $8 \times ? = 5$, $? = \frac{5}{8}$.

– **3e interprétation** : une fraction est une proportion. Par exemple, dans le club de tennis, $\frac{5}{8}$ des adhérents sont des garçons. (Voir fiche 29).

■ Une fraction s'écrit comme un quotient de deux nombres entiers, le nombre au-dessus du trait de fraction est le **numérateur**, le nombre au-dessous du trait de fraction est le **dénominateur**.

J'applique

1 Paul a mangé $\frac{3}{4}$ du gâteau et Chloé a mangé $\frac{1}{8}$ du même gâteau. Représente sur le schéma la part mangée par Paul et celle mangée par Chloé.

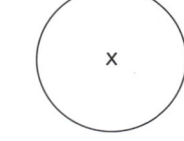

2 Quelle fraction de la figure est coloriée ?
_____

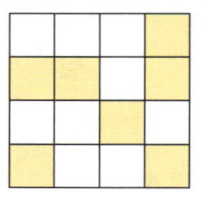

3 Alex et Camélia veulent acheter un jeu. Camélia possède $\frac{1}{6}$ du prix du jeu et Alex $\frac{1}{3}$ du prix du jeu. Représente sur le schéma en rouge la fraction du prix que possède Camélia et en vert la fraction du prix que possède Alex.

prix du jeu |—|—|—|—|—|—|

4 Dans le zoo Patel, sept animaux sur les vingt-quatre que comprend le zoo sont des reptiles. Quelle est la proportion des reptiles parmi les animaux de ce zoo ?_____

Je m'entraîne

5 Comment écrit-on le nombre dont le produit par 4 est égal à 7 ?
Calcule $4 \times 1,75$. Que peux-tu conclure ?

6 Pendant une semaine de vacances d'hiver, sur les 125 enfants inscrits à l'école de ski, 38 sont en cours de première étoile. Quelle est la proportion des élèves de l'école de ski inscrits en première étoile ?

10 Écriture fractionnaire : égalité

J'observe et je retiens

Un même rectangle est partagé de façons différentes. Dans chacun des trois schémas, la fraction du rectangle coloriée est :
- pour le n°1 : $\frac{1}{3}$ de la surface du rectangle est coloriée.
- pour le n°2 : $\frac{2}{6}$ de la surface du rectangle est coloriée.
- pour le n°3 : $\frac{4}{12}$ de la surface du rectangle est coloriée.

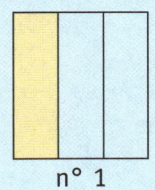

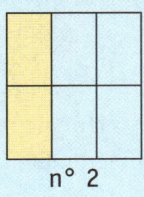

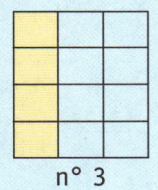

Pour ce rectangle, c'est la même quantité qui est coloriée. Cela se traduit par : $\frac{1}{3} = \frac{2}{6} = \frac{4}{12}$.

■ Le quotient de deux nombres reste inchangé si on multiplie (ou si on divise) ces deux nombres par un même nombre non nul.
$\frac{a}{b} = \frac{k \times a}{k \times b}$, où a, b et k sont des nombres quelconques (b et k étant non nuls). $\frac{a}{b} = \frac{a : k}{b : k}$, où a, b et k sont des nombres quelconques (b et k étant non nuls).

■ Cette règle permet dans certains cas de calculer le quotient de deux nombres sans avoir posé la division.
$\frac{31}{50}$ se calcule ainsi : $\frac{31}{50} = \frac{31 \times 2}{50 \times 2} = \frac{62}{100} = 0{,}62$. Donc $\frac{31}{50} = 0{,}62$.

■ Cette règle permet de calculer le quotient d'un nombre décimal par un nombre décimal non entier. Pour calculer le quotient de 59 par 3,6, on écrit : $\frac{59}{3{,}6} = \frac{59 \times 10}{3{,}6 \times 10} = \frac{590}{36}$. Le quotient de 59 par 3,6 sera donc égal au quotient de 590 par 36. On effectue ensuite le calcul de la division de 590 par 36.

Cette règle permet de **simplifier une fraction** :

$\frac{28}{42} = \frac{2 \times 14}{2 \times 21} = \frac{14}{21}$

$\frac{14}{21} = \frac{7 \times 2}{7 \times 3} = \frac{2}{3}$

$\frac{28}{42} = \frac{14}{21} = \frac{2}{3}$

On dit que l'on a simplifié la fraction par 2.

On dit que l'on a simplifié la fraction par 7.

$\frac{2}{3}$ est une fraction qu'on ne peut plus simplifier.

■ Pour **simplifier une fraction**, on divise le numérateur et le dénominateur de la fraction par un diviseur qui leur est commun.

J'applique

1 Parmi les fractions suivantes, regroupe celles qui sont égales :

$\frac{2}{5}$; $\frac{14}{12}$; $\frac{9}{12}$; $\frac{16}{40}$; $\frac{12}{30}$; $\frac{21}{18}$; $\frac{3}{4}$; $\frac{70}{60}$; $\frac{15}{60}$; $\frac{24}{60}$; $\frac{12}{45}$; $\frac{7}{6}$.

2 Écris quatre fractions égales à $\frac{9}{4}$:

3 Simplifie le plus possible les fractions suivantes :

$\frac{840}{700} =$ $\frac{18}{45} =$ $\frac{25}{60} =$

Je m'entraîne

4 Calcule la valeur décimale des quotients $\frac{18}{45}$ et $\frac{63}{225}$ sans poser de division.

5 Calcule la valeur des quotients $\frac{19}{0{,}32}$ et $\frac{0{,}15}{1{,}6}$. Pose la division.

11 Fractions : comparaison

J'observe et je retiens

$$\frac{4}{15} < \frac{6}{15}$$

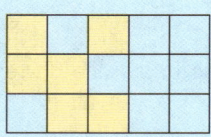

Dans ce premier rectangle, la partie coloriée représente $\frac{4}{15}$ de la surface du rectangle.

Dans ce deuxième rectangle de dimensions identiques au premier, la partie coloriée représente $\frac{6}{15}$ de la surface du rectangle.

- Pour deux fractions qui ont le même dénominateur, la plus grande est celle qui a le plus grand numérateur.
- Une fraction est supérieure (respectivement inférieure) à 1, si son numérateur est supérieur (respectivement inférieur) à son dénominateur.

■ **Comment compare-t-on deux ou plusieurs fractions ?** Exemple : Pour comparer $\frac{18}{15}$; $\frac{12}{14}$ et $\frac{24}{21}$:

– **Méthode 1 :** On écrit chaque écriture fractionnaire avec le même dénominateur et on applique la règle n° 1. Le choix du dénominateur n'est pas unique, un multiple de 35 convient.

$\frac{18}{15} = \frac{6}{5} = \frac{42}{35}$; $\frac{12}{14} = \frac{6}{7} = \frac{30}{35}$ et $\frac{24}{21} = \frac{8}{7} = \frac{40}{35}$. Or $30 < 40 < 42$ donc $\frac{12}{14} < \frac{24}{21} < \frac{18}{15}$.

– **Méthode 2 :** On calcule la valeur décimale de chaque écriture ou une valeur approchée. On compare ces valeurs. Les écritures fractionnaires sont rangées dans le même ordre que les valeurs décimales.

0,9 est la valeur arrondie au dixième de $\frac{12}{14}$; 1,1 est la valeur arrondie au dixième de $\frac{24}{21}$; $\frac{18}{15} = 1,2$.

Or, $0,9 < 1,1 < 1,2$ donc $\frac{12}{14} < \frac{24}{21} < \frac{18}{15}$.

J'applique

1 Complète avec > ou < :

$\frac{17}{9}$ —— $\frac{12}{9}$; $\frac{18}{12}$ —— $\frac{5}{4}$; $\frac{7}{5}$ —— $\frac{1}{3}$; $\frac{13}{4}$ —— $\frac{75}{36}$; $\frac{7}{13}$ —— $\frac{13}{7}$; 3 —— $\frac{25}{8}$

2 Dans la liste des fractions, entoure celles qui sont inférieures à 1 : $\frac{2}{5}$; $\frac{14}{12}$; $\frac{9}{12}$; $\frac{16}{40}$; $\frac{12}{30}$; $\frac{21}{18}$; $\frac{3}{4}$; $\frac{70}{60}$; $\frac{24}{60}$; $\frac{7}{6}$.

3 Classe les fractions suivantes dans l'ordre décroissant : $\frac{5}{6}$; $\frac{61}{50}$; $\frac{2}{3}$; $\frac{23}{30}$; $\frac{8}{5}$; $\frac{31}{25}$; $\frac{11}{15}$.

4 Classe les fractions suivantes dans l'ordre croissant : $\frac{7}{12}$; $\frac{4}{3}$; $\frac{5}{6}$; $\frac{1}{2}$; $\frac{3}{12}$; $\frac{3}{2}$.

Place ces fractions sur cet axe gradué :

5 Lundi, sur 320 élèves demi-pensionnaires, 72 sont des élèves de 5e. Mardi, sur 250, 55 sont des élèves de 5e. Quel est le jour où la proportion des élèves de 5e parmi les demi-pensionnaires est la plus importante ?

Je m'entraîne

6 En 5e A, 14 élèves sur 25 ont eu la rougeole. En 5e B, 60 % des élèves l'ont eue. Dans quelle classe de 5e la proportion d'élèves ayant eu la rougeole est-elle la plus importante ?

7 Trouve une fraction comprise entre : **1.** $\frac{3}{5}$ et $\frac{4}{5}$; **2.** $\frac{17}{21}$ et $\frac{18}{21}$; **3.** $\frac{61}{15}$ et $\frac{62}{15}$.

12 Fractions : addition et soustraction

J'observe et je retiens

■ Pour additionner (ou soustraire) des **fractions ayant le même dénominateur** :

- on garde le dénominateur
- on additionne (ou on soustrait) les numérateurs
- on simplifie si cela est possible

$$\frac{a}{b} + \frac{c}{b} = \frac{a+c}{b} \quad \text{et} \quad \frac{a}{b} - \frac{c}{b} = \frac{a-c}{b}$$

$$\frac{12}{15} + \frac{7}{15} = \frac{12+7}{15} = \frac{19}{15} \quad \text{et} \quad \frac{12}{15} + \frac{9}{15} = \frac{21}{15} = \frac{21:3}{15:3} = \frac{7}{5}$$

$$\frac{12}{5} - \frac{8}{5} = \frac{4}{5} \quad \text{et} \quad \frac{12}{15} - \frac{9}{15} = \frac{12-9}{15} = \frac{3}{15} = \frac{3:3}{15:3} = \frac{1}{5}$$

■ Pour additionner (ou soustraire) des **fractions ayant des dénominateurs différents** :

- on écrit chaque fraction avec le même dénominateur
- on additionne (ou on soustrait) les numérateurs des nouvelles fractions
- on simplifie si cela est possible

$$\frac{5}{8} + \frac{2}{3} = \frac{5 \times 3}{8 \times 3} + \frac{2 \times 8}{3 \times 8} = \frac{15+16}{24} = \frac{31}{24}$$

$$\frac{5}{8} + \frac{7}{24} = \frac{5 \times 3}{24} + \frac{7}{24} = \frac{15+7}{24} = \frac{22}{24} = \frac{22:2}{24:2} = \frac{11}{12}$$

$$\frac{7}{16} - \frac{5}{24} = \frac{7 \times 3}{16 \times 3} - \frac{5 \times 2}{24 \times 2} = \frac{21}{48} - \frac{10}{48} = \frac{21-10}{48} = \frac{11}{48}$$

J'applique

Dans les quatre premiers exercices, effectue les calculs suivants :

❶ $\frac{12}{15} + \frac{20}{15} =$ ___ $\frac{52}{18} - \frac{28}{18} =$ ___ $\frac{20}{15} - \frac{12}{15} =$ ___ $\frac{25}{30} + \frac{25}{30} =$ ___

$\frac{25}{30} - \frac{25}{30} =$ ___ $\frac{52}{18} + \frac{28}{18} =$ ___ $\frac{38}{15} + \frac{14}{15} =$ ___ $\frac{28}{24} - \frac{16}{24} =$ ___ $\frac{24}{40} + \frac{16}{40} =$ ___

❷ $\frac{13}{5} + \frac{20}{15} =$ ___ + $\frac{20}{15} =$ ___ $\frac{25}{30} - \frac{12}{15} = \frac{25}{30} -$ ___ = ___ $\frac{13}{8} + \frac{16}{24} =$ ___

$\frac{15}{14} + \frac{4}{7} =$ ___ $\frac{45}{72} + \frac{7}{12} =$ ___ $\frac{4}{3} - \frac{24}{36} =$ ___ $\frac{25}{30} - \frac{45}{60} =$ ___

❸ $\frac{13}{8} + \frac{7}{5} =$ ___ $\frac{38}{15} - \frac{3}{4} =$ ___ $\frac{4}{7} + \frac{4}{3} =$ ___ $\frac{2}{9} + \frac{13}{5} =$ ___ $\frac{99}{44} - \frac{72}{81} =$ ___

❹ $\frac{14}{15} + \frac{16}{24} =$ ___ $\frac{5}{12} - \frac{15}{45} =$ ___ $\frac{16}{40} + \frac{28}{24} =$ ___ $\frac{63}{35} - \frac{45}{60} =$ ___

Je m'entraîne

❺ Trois personnes se partagent une somme de 1 800 €. La première personne reçoit les trois-huitièmes de la somme. La deuxième reçoit le quart de la somme.

1. Quelle fraction de la somme reçoit la troisième personne ? (Aide : $\frac{1}{4} = \frac{2}{8}$).
2. Quelle somme reçoit la première personne ?

❻ Un collège décide de payer les trois-quarts du prix d'un photocopieur et les parents d'élèves paient le cinquième de ce qui reste à payer. Le foyer avait prévu de participer pour 15% du prix.
Tout cela suffira-t-il pour faire cet achat ?
(Rappel : 15 % peut s'écrire sous forme fractionnaire avec 15 pour numérateur et 100 pour dénominateur.)

13 Fractions : multiplication

J'observe et je retiens

Tu as appris en 6ᵉ à multiplier des fractions décimales. De la même manière :

- Pour multiplier deux fractions, on multiplie leurs numérateurs entre eux et on multiplie leurs dénominateurs entre eux. Autrement dit : $\dfrac{a}{b} \times \dfrac{c}{d} = \dfrac{a \times c}{b \times d}$.

Exemples : $\dfrac{13}{7} \times \dfrac{5}{3} = \dfrac{13 \times 5}{7 \times 3} = \dfrac{65}{21}$ et $\dfrac{42}{13} \times \dfrac{2}{21} = \dfrac{42 \times 2}{13 \times 21} = \dfrac{21 \times 2 \times 2}{13 \times 21} = \dfrac{2 \times 2}{13} = \dfrac{4}{13}$.

Cette règle est valable que les deux fractions aient le même dénominateur ou non.

Conseil ▸ Avant d'effectuer les produits au numérateur et au dénominateur, essaie de simplifier si tu le peux.

- Multiplier un nombre n par la fraction $\dfrac{a}{b}$, c'est multiplier n par a, puis le diviser par b ou encore c'est le diviser par b, puis le multiplier par a. Autrement dit : $n \times \dfrac{a}{b} = \dfrac{n \times a}{b}$ ou encore $n \times \dfrac{a}{b} = \dfrac{n}{b} \times a$.

Exemple : $29 \times \dfrac{4}{5} = \dfrac{29 \times 4}{5} = \dfrac{116}{5}$.

J'applique

1 Effectue les produits suivants. Tu écriras les résultats sous forme de fractions irréductibles.

$\dfrac{3}{8} \times \dfrac{17}{23} = $ _____ $\dfrac{65}{12} \times \dfrac{28}{15} = $ _____ $\dfrac{128}{25} \times \dfrac{75}{16} = $ _____

$\dfrac{3}{14} \times \dfrac{35}{12} = $ _____ $\dfrac{4}{9} \times \dfrac{25}{11} = $ _____ $\dfrac{70}{3} \times \dfrac{7}{20} = $ _____

2 Effectue les produits suivants. Tu écriras les résultats sous forme de fractions irréductibles.

$42 \times \dfrac{18}{7} = $ _____ $35 \times \dfrac{7}{3} = $ _____ $\dfrac{4}{5} \times 134 = $ _____

$\dfrac{15}{40} \times 30 = $ _____ $2{,}4 \times \dfrac{4}{3} = $ _____ $\dfrac{5}{14} \times 0{,}28 = $ _____

3 Écris mathématiquement les expressions suivantes et calcule-les :

Les deux septièmes de 98 : _____   Les deux tiers de cinq-quarts : _____

Les trois-quarts de 1 232 : _____   Les quinze vingtièmes de 12,5 : _____

Je m'entraîne

4 Une balle de tennis rebondit aux quatre-cinquièmes de la hauteur dont elle tombe. On la laisse tomber d'une hauteur de 9 mètres. À quelle hauteur montera-t-elle après avoir touché le sol trois fois ?

5 Cinq enfants se partagent 500 timbres de la manière suivante : le premier a un quart de la collection, le deuxième en a 25 de plus que le premier, puis le troisième a les deux cinquièmes de ce qui reste alors, le quatrième a les deux tiers de la part du troisième et le dernier a le reste. Calcule combien de timbres a le cinquième enfant.

14 Fractions : expressions numériques avec ou sans parenthèses

J'observe et je retiens

On applique pour des expressions numériques avec fractions les mêmes règles de priorité que pour les nombres décimaux.

J'applique

1 Écris les trois fractions suivantes sous forme de fractions irréductibles :

$\dfrac{12}{15}=$ _____ $\dfrac{25}{30}=$ _____ $\dfrac{16}{24}=$ _____

Calcule les expressions suivantes :

$\dfrac{12}{15}+\dfrac{25}{30}\times\dfrac{16}{24}=$ _____ + _____ = _____

$\dfrac{12}{15}\times\left(\dfrac{25}{30}+\dfrac{16}{24}\right)=$ _____ + _____ = _____

2 Soient $a=\dfrac{28}{24}$, $b=\dfrac{20}{15}$ et $c=\dfrac{16}{40}$.

Écris a, b et c sous forme de fractions irréductibles.
Calcule $I = c + b \times a$ et $J = (b + a) \times c$.

$a =$ _____ $b =$ _____ $c =$ _____

$I =$ _____ $J =$ _____

$I =$ _____ $J =$ _____

$I =$ _____ $J =$ _____

3 Calcule les expressions suivantes :

$A = \dfrac{11}{4} + \dfrac{2}{7} \times \dfrac{35}{20}$ $B = \left(\dfrac{7}{5} - \dfrac{4}{15}\right) \times \dfrac{3}{2}$

$A =$ _____ $B =$ _____

$A =$ _____ $B =$ _____

$A =$ _____ $B =$ _____

4 Calcule les expressions suivantes :

$D = \dfrac{9}{7} \times \dfrac{49}{14} - \dfrac{13}{6}$ $E = \dfrac{6}{5} \times \left(\dfrac{7}{12} + \dfrac{4}{3}\right)$.

$D =$ _____ $E =$ _____

$D =$ _____ $E =$ _____

$D =$ _____ $E =$ _____

5 Clément mange les cinq quatorzièmes des 70 cerises du panier et Stéphanie en mange les deux septièmes. Quelle fraction des cerises reste-t-il à Barbara et combien de cerises ont-ils mangées chacun ?

La fraction des cerises qu'il reste à Barbara est : _____

Le nombre de cerises mangées par Barbara est : _____

Le nombre de cerises mangées par Clément est : _____

Le nombre de cerises mangées par Stéphanie est : _____

6 Léa a dépensé le quart de son argent de poche pour acheter un livre et le tiers de ce qui lui restait pour acheter un CD. Elle pense qu'il lui reste la moitié de l'argent dont elle disposait au départ. A-t-elle raison ?

Je m'entraîne

7 Pour le parcours d'un triathlon, on prévoit trois parties : un vingt-quatrième de la distance totale à la nage, un tiers en course à pieds et le reste à vélo. La distance total est de 12 km.
Quelle fraction de la distance totale est parcourue en vélo et calcule la longueur de chaque partie ?

8 Jean et Annie ont parcouru le matin le quart de la distance d'une randonnée de 24 kilomètres. En début d'après-midi, ils parcourent les quatre cinquièmes de ce qui restait. Exprime en fraction de la totalité du parcours la distance qu'il reste à parcourir et exprime en kilomètres cette même distance.

9 Calcule :

1. La somme de quatre cinquièmes et du produit de deux tiers et un huitième.
2. La différence entre cinq neuvièmes et le produit de trois quarts par deux septièmes.

15 Nombres relatifs : introduction

J'observe et je retiens

On est amené à considérer de nouveaux nombres pour résoudre certains problèmes en mathématiques mais dans la vie de tous les jours, tu les utilises déjà régulièrement :

– **dans les ascenseurs** : deuxième sous-sol par rapport au rez de chaussée ou (-2) ;
– **en géographie** : l'Everest est à 8 900 m au dessus du niveau de la mer ou (+ 8 900) ; la fosse marine de Porto Rico est à 9 200 m au dessous du niveau de la mer ou (– 9 200) ;
– **en météorologie** : en hiver, 15°C au dessous de zéro ou (– 15) et en été, 32°C ou (+ 32) ou 32 ;
– **en histoire** : Pythagore est né en 580 avant JC ou (– 580) et Mozart est né en 1756 après JC ou (+ 1 756) ;
– **en chimie** : la température de fusion de la glace est 0°C ou 0. La température d'ébullition de l'eau est 100°C ou (+100). Celle d'ébullition de l'oxygène est 182,96°C au dessous de zéro ou (– 182,96) ;
– **en bourse ou en budget :** un crédit de 162 euros correspond à (+ 162) alors qu'un débit de 500 euros représente (–500).

Tous ces nombres sont notés avec un signe + ou – . Ils sont appelés nombres relatifs parce qu'ils sont relatifs par rapport au nombre zéro. Ils permettent de graduer une droite à gauche et à droite du point correspondant au nombre zéro.

- Un nombre précédé du signe plus est appelé nombre **relatif positif**.
- Un nombre précédé du signe moins est un nombre **relatif négatif**.
- Le nombre **zéro** est à la fois positif et négatif.

Les nombres relatifs permettent de graduer une droite à gauche et à droite du nombre zéro.

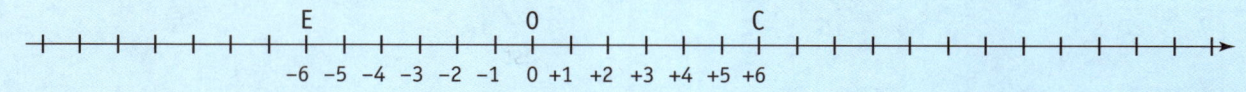

```
         E              O              C
 —+—+—+—+—+—+—+—+—+—+—+—+—+—+—+—+—+—+—+→
 –6 –5 –4 –3 –2 –1  0 +1 +2 +3 +4 +5 +6
```

Sur la droite ci-dessous les points E et C sont à la même distance du point O. On dit que la distance à zéro de (– 6) est 6 et la distance de (+ 6) à zéro est 6. Autrement dit : la distance OE est égale à 6 ou bien OE = 6 et la distance OC est égale à 6 ou bien OC = 6. On dit que les nombres (– 6) et (+ 6) sont opposés.

- Deux nombres relatifs de signes différents qui ont la même distance à zéro sont **opposés**.

J'applique

1 Complète par un nombre relatif :

Mathieu descend au 3ᵉ sous-sol ou _____   Archimède est né en 287 avant Jésus Christ ou _____
Charlemagne est né en 742 ou _____   Euclide est né en 325 avant JC ou _____

2 Parmi les nombres suivants (– 3,9) ; (– 6,5) ; (+ 4) ; (+ 5,6) ; (– 4) ; (+2,5) et (– 6,7).

1. Quels sont ceux qui sont de nombres relatifs négatifs ? _____
2. Trouve l'opposé de chaque nombre relatif. _____

Je m'entraîne

4 Écris en phrase française ce qui suit :

Exemple : L'Everest : (+ 8 882) ou *l'Everest culmine à 8 882 m*.
La rivière de Padirac : (– 103). Certaines fosses de la Mer Rouge : (– 2 835) m. Le Fuji-Yama : (+ 3 800) m.

5 Dans son jardin, Caroline a noté les températures suivantes: (+7,5) ; (-9) ; (+ 4) ; (0) et (–5).
Cite les nombres entiers relatifs positifs de cette liste et écris l'opposé de (-5).

16 Nombres relatifs : comparaison de nombres relatifs et droite graduée

J'observe et je retiens

En 5ᵉ, grâce aux nombres relatifs, tu vas apprendre à graduer une droite.

■ Pour graduer une droite, il faut un point O a appelé **origine** qui est associé au nombre 0 ; un point I qui est associé au nombre (+ 1) ; un sens positif qui correspond au déplacement du point O vers le point I.
À tout point M de la droite graduée, on peut associer un nombre relatif appelé **abscisse** du point M. L'abscisse du point M est notée x.

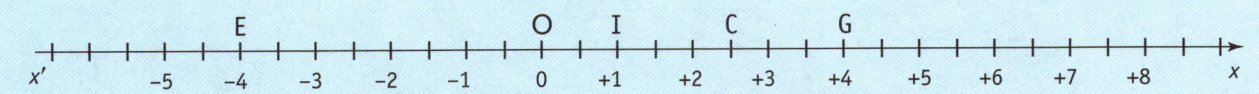

```
        E           O   I    C     G
x' ──┼──┼──┼──┼──┼──┼──┼──┼──┼──┼──┼──┼──┼──► x
    -5  -4  -3  -2  -1   0  +1  +2  +3  +4  +5  +6  +7  +8
```

Remarques ▶ Les nombres (+ 4) et (− 4) sont à égale distance par rapport à zéro. Ils sont opposés. Les points E et G qui sont respectivement associés à (− 4) et (+ 4) sont symétriques par rapport au point O.

Cette droite graduée va te permettre de comparer les nombres relatifs

■ Pour comparer deux nombres positifs : le plus petit est celui qui a la plus petite distance à zéro.
■ Pour comparer deux nombres négatifs : le plus grand est celui qui a la plus grande distance à zéro.
■ Pour comparer deux nombres de signes différents : le plus petit est le nombre négatif.

Remarques ▶ Un nombre relatif négatif est inférieur ou égal à zéro. Un nombre relatif positif est supérieur ou égal à zéro.
Exemples : (− 28,7) < (− 28,56) car 28,7 > 28,56. La distance à zéro de (− 28,7) est plus grande que celle de (− 28,56).
(− 12,58) < (+307) car (− 12,58) est négatif et (+ 307) est positif.
(+ 29,1) > (+ 29,08) car 29,1 > 29,08. La distance à zéro de (+ 29,1) est plus grande que celle de (+ 29,08).

J'applique

1 1. Place, sur la droite graduée, les points A, B, C, E, F, G et H repérés par leur abscisse respective :
(− 3,5) ; (− 6,5) ; (2,5) ; (+ 4) ; (+ 5,6) ; (− 4) et (− 1,7).

```
──┼──┼──┼──┼──┼──┼──┼──┼──┼──┼──┼──┼──┼──┼──►
                      0   1
```

2. **Complète :** Le plus grand nombre est ____ . Le plus petit est ____ . Le nombre qui a la plus petite distance à zéro est ____ .
3. **Cite les points qui sont symétriques par rapport au point O. Que peut-on dire de leurs abscisses ?**

2 Complète avec les signes > ou <.

(+17) ____ (+ 12)   (− 2,3) ____ (− 4)   (+ 6) ____ (− 5,5)   (− 5) ____ (− 1)
(+ 13) ____ (+ 21)   (− 1,99) ____ (− 1,99)   (+ 12) ____ (+ 4,2)   (− 0,5) ____ 0

Je m'entraîne

3 Range dans l'ordre croissant (du plus petit au plus grand) les nombres suivants :
(+ 5,2) ; (+ 22,2) ; (− 8,2) ; (+ 22,02) ; (+ 14,2) ; (− 32,24) ; 0 ; (− 0,5) ; (− 9) ; (+ 30) ; (− 90) ; (+ 41,5) .

4 Parmi cette liste de nombres décimaux relatifs : (− 4,077) ; (− 4,07) ; (− 4,007) ; (− 4) ; (+ 4,7) ; (+ 4,77), quels sont le plus grand et le plus petit ?

17 Nombres relatifs : addition

J'observe et je retiens

■ Comment additionner deux nombres relatifs de même signe ?
Le signe du résultat, c'est-à-dire de la somme, est celui des deux nombres.
La distance à zéro de la somme est la somme des distances à zéro des deux nombres relatifs.

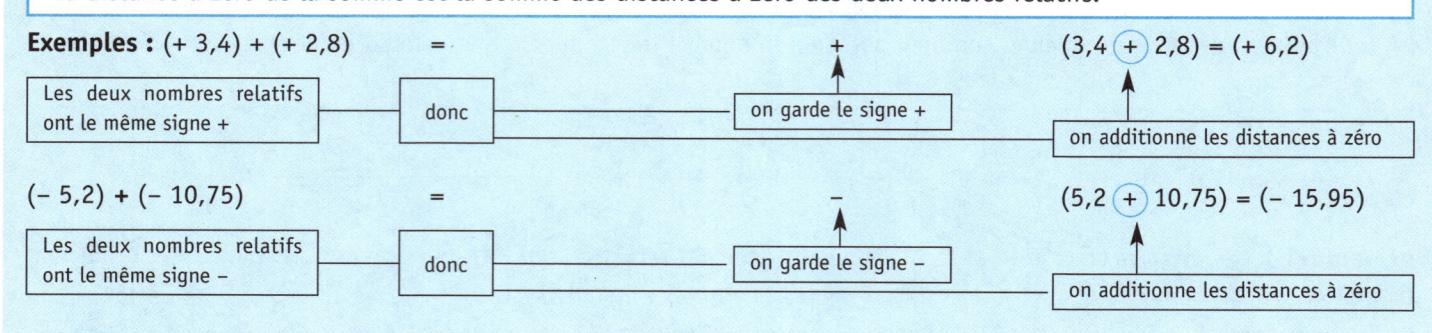

Exemples : (+ 3,4) + (+ 2,8) = + (3,4 + 2,8) = (+ 6,2)

Les deux nombres relatifs ont le même signe + → donc → on garde le signe + → on additionne les distances à zéro

(− 5,2) + (− 10,75) = − (5,2 + 10,75) = (− 15,95)

Les deux nombres relatifs ont le même signe − → donc → on garde le signe − → on additionne les distances à zéro

■ Comment additionner deux nombres relatifs de signes différents ?
Le signe du résultat, c'est-à-dire de la somme, est celui du nombre relatif qui a la plus grande distance à zéro.
La distance à zéro de la somme est la différence des distances à zéro des deux nombres relatifs.

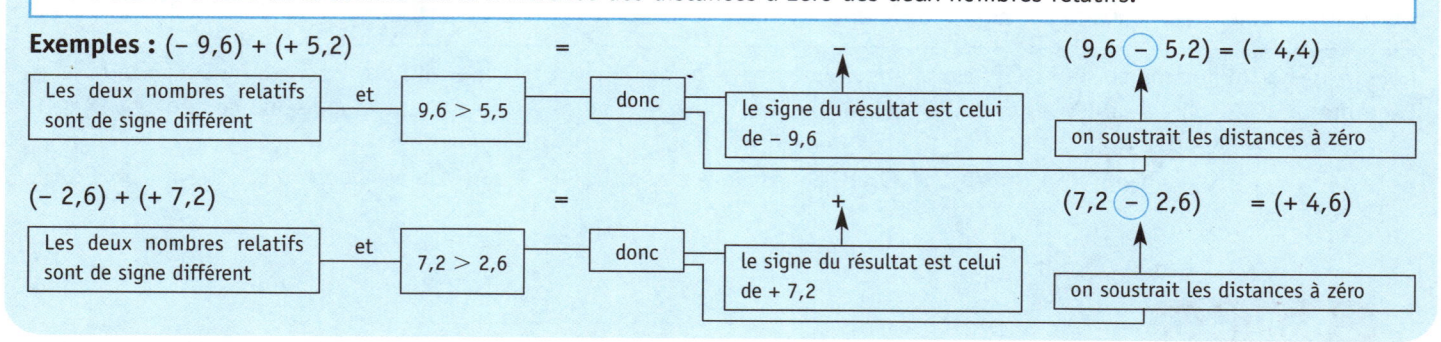

Exemples : (− 9,6) + (+ 5,2) = − (9,6 − 5,2) = (− 4,4)

Les deux nombres relatifs sont de signe différent et 9,6 > 5,5 donc le signe du résultat est celui de − 9,6 on soustrait les distances à zéro

(− 2,6) + (+ 7,2) = + (7,2 − 2,6) = (+ 4,6)

Les deux nombres relatifs sont de signe différent et 7,2 > 2,6 donc le signe du résultat est celui de + 7,2 on soustrait les distances à zéro

J'applique

1 Calcule les sommes suivantes :

A = (− 8,3) + (− 6,27) = _____
B = (− 5,4) + (+ 17) = _____
C = (− 9) + (+ 1,2) = _____
D = (+ 45) + (+ 3,5) = _____
E = (− 2,04) + (− 48,6) = _____
F = (− 13,4) + (+ 2,4) = _____
G = (− 208) + (+ 116) = _____
H = (+ 354) + (+ 508) = _____

2 Effectue les sommes suivantes :

(− 657) + (+ 357) = _____
(+ 12 430) + (+ 470) = _____
(− 520) + (− 180) = _____
(− 13,457) + (+ 13,457) = _____
(− 0,02) + (+ 2,52) = _____
(+ 4,003) + (− 4,003) = _____

3 Calcule les expressions numériques suivantes :

J = [(+ 31) + (− 42)] + (+ 5)
J = _____

K = [(− 8) + (− 55)] + [(+ 24) + (− 1)]
K = _____

L = (− 45) + [(− 40) + (+ 27)]
L = _____

Je m'entraîne

4 Au cours des six derniers mois, Jules a reçu 50 €, a dépensé 24 € puis 12 €, a reçu 8 € puis 5 € et a dépensé 18 €. Traduis par une somme de nombres relatifs la succession des recettes et des dépenses et calcule le bilan.

5 Le car de ramassage scolaire part du collège. Au premier arrêt, 4 enfants descendent. Devant la piscine, 12 montent et 7 descendent. À l'arrêt suivant, 10 descendent. Devant la patinoire, 16 descendent. Il reste alors 5 enfants dans le car. Combien y avait-il d'enfants dans le car au départ du collège ?

18 Nombres relatifs : soustraction

J'observe et je retiens

La soustraction est une opération qui existe aussi avec les nombres relatifs. Contrairement aux nombres décimaux, on peut toujours calculer la différence de deux nombres relatifs. Pour calculer la différence de deux nombres relatifs, on transformera l'expression à l'aide d'une addition.

■ **Pour soustraire deux nombres**
Pour soustraire le nombre a au nombre b, on additionne à b l'opposé de a.
Autrement dit : $b - a = b +$ **opposé de a.**

Exemples : $(-7) - (+2) = (-7) + (-2) = (-9)$ et $(+25) - (+1) = (+25) + (-1) = (+24)$
Quand on calcule la différence de deux nombres relatifs, on commence par transformer la soustraction en addition avec la règle ci-dessus puis on calcule en appliquant les règles habituelles de l'addition.

■ **Pour les expressions numériques comportant plusieurs opérations, on procède de la même façon :**
1. Chaque soustraction est transformée en addition avec la règle énoncée ci-dessus.
2. Quand l'expression ne comporte que des additions, on effectuera le calcul de gauche à droite, ou bien en regroupant les nombres positifs entre eux ainsi que les nombres négatifs, ou bien on regroupe différemment.

Exemple :
On transforme les soustractions en additions avec la règle précédente :
On regroupe les nombres positifs entre eux ainsi que les négatifs :
On effectue la somme des nombres positifs ainsi que celle des négatifs :
On termine le calcul :

$A = (-8) - (-7) + (+15) + (-33) - (-25)$
$A = (-8) + (+7) + (+15) + (-33) + (+25)$
$A = (+7) + (+15) + (+25) + (-8) + (-33)$
$A = (+47) + (-41)$
$A = (+6)$

J'applique

1 Calcule les différences suivantes après les avoir transformées à l'aide d'une addition :
A = (− 6) − (− 21) = _____
B = (+ 22) − (+ 73) = _____
C = (− 48) − (+ 27) = _____
D = (− 33) − (− 25) = _____
E = (+ 2,5) − (− 4,5) = _____
F = (−101) − (− 86) = _____

2 Calcule les expressions numériques suivantes :
G = (− 54) − (− 17) + (− 12) = _____
H = (− 14) + (+ 28) − (+ 334) = _____
I = (+ 200) − (− 80) − (− 45) = _____
J = (− 210) + (− 140) − (+ 470) = _____
K = (+ 0,005) − (+ 2,004) − (− 3,007) = _____
L = (− 7,2) + (− 4,8) − (− 12,5) = _____

3 Calcule les expressions numériques suivantes :
M = (− 7) − [(+ 12) + (− 35)] = _____
N = (+ 43) − [(− 69) − (+ 44)] = _____
O = (− 142) − [(+ 18) + (− 43) − (+ 61)] = _____
P = (− 25) + [(+ 77) − (− 58) + (− 4,5)] = _____

Je m'entraîne

4 Calcule les expressions numériques suivantes :
S = (− 14) − [(− 6) − (+ 22)] + (− 6) ; T = (− 14) − (− 6) − [(+ 22) + (− 6)] ; U = (− 14) − [(− 6) − (+ 22) + (− 6)] ;
V = [(− 14) − (− 6) − (+ 22)] + (− 6) ; W = (− 14) − (− 6) − (+ 22) + (− 6) ; X = [(− 14) − (− 6)] − [(+ 22) + (− 6)].

19 Nombres relatifs : somme algébrique

J'observe et je retiens

■ Dans cette fiche, tu vas apprendre à calculer rapidement une expression numérique de nombres relatifs après avoir simplifié son écriture. On considère l'expression A = (− 8) − (− 7) + (+ 15) + (− 33) − (− 25).
Nous allons suivre les étapes suivantes :
– 1re **étape** : on transforme les soustractions en additions : A = (− 8) **+** (+ 7) **+** (+ 15) **+** (− 33) **+** (+ 25).
– 2e **étape** : on supprime les signes opératoires d'addition ainsi que les parenthèses autour des nombres relatifs :
A = − 8 + 7 + 15 − 33 + 25.

> Pour transformer une expression de nombres relatifs en somme algébrique, on transforme les soustractions en additions selon la règle de la fiche 18.
> On supprime les parenthèses autour des nombres relatifs ainsi que les signes opératoires d'addition.
> Dans le cas où le premier terme de l'expression numérique est un nombre positif, on n'écrit pas son signe +.
> L'écriture obtenue est appelée une somme algébrique.

■ Pour effectuer le calcul de l'expression il est souvent plus rapide de regrouper les nombres selon leurs signes, un groupe de nombres positifs et un groupe de nombres négatifs.

Exemple :
A est maintenant une somme algébrique :
On regroupe les nombres positifs entre eux ainsi que les négatifs :
On effectue la somme des nombres positifs ainsi que celle des négatifs :

A = (− 8) − (− 7) + (+ 15) + (− 33) − (− 25)
A = − 8 + 7 + 15 − 33 + 25.
A = 7 + 15 + 25 − 8 − 33.
A = 47 − 41 donc A = 6.

J'applique

1 Transforme les expressions numériques en sommes algébriques.

A = (+ 3,2) + (− 11) − (− 8,6) − (+ 9,4)   A = _____
B = (− 2,4) − (+ 2,8) − (− 6,7) + (− 12,3)   B = _____
C = (+ 110) − (− 80) + (+ 55) + (− 120)   C = _____
D = (− 1 024) + (− 32) + (− 16) + (+ 64)   D = _____
E = (− 0,002) − (− 2,04) + (+ 1,006)   E = _____

2 Transforme les sommes algébriques en sommes de nombres relatifs.

F = − 21 + 45 − 10 − 47   F = _____
G = 187 − 452 + 127 + 328   G = _____
H = 1 032 + 276 − 147 − 529   H = _____
I = − 16 − 24 − 40 + 72   I = _____

3 Calcule les sommes algébriques suivantes :

J = − 13 − 34 + 29 − 118 + 91   K = 28 − 45 + 72 − 34 + 71   L = − 150 + 275 − 402 − 312
J = _____   K = _____   L = _____

Je m'entraîne

4 Calcule les sommes algébriques suivantes et classe les nombres M, N et P en ordre décroissant.
M = 7,4 − 9,1 − 3,3 + 1,2 − 3,5   N = − 2,5 − 4,5 + 2,6 − 3,6 + 4,2   P = 1,4 − 2,5 − 4,2 − 1,2 + 9,9

5 Calcule les expressions en effectuant d'abord les sommes algébriques à l'intérieur des parenthèses.
R = (−14 −28 + 12) + (17 − 8 − 21) − (−19 + 11)   S = (23 − 41 + 9) − (−7 − 8 + 12) + (15 − 9)

6 Calcule les expressions suivantes en essayant de trouver la méthode la plus astucieuse.
T = 17,9 − 5,2 + 15,2 − 7,9   U = 1 997 − 734 − 1 997 + 745   V = 1 001,47 − 0,38 + 2,53 + 1,38 + 3,45

20 Repère dans le plan

J'observe et je retiens

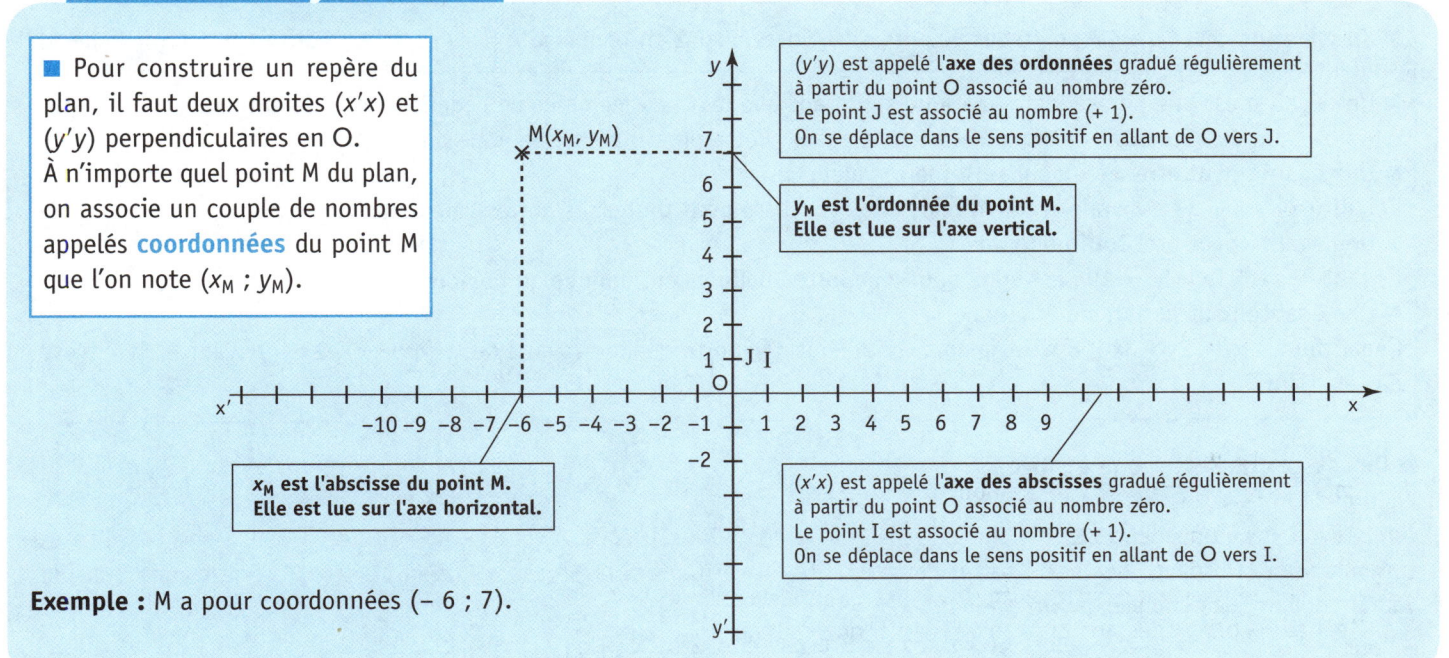

■ Pour construire un repère du plan, il faut deux droites $(x'x)$ et $(y'y)$ perpendiculaires en O.
À n'importe quel point M du plan, on associe un couple de nombres appelés **coordonnées** du point M que l'on note $(x_M ; y_M)$.

$(y'y)$ est appelé l'**axe des ordonnées** gradué régulièrement à partir du point O associé au nombre zéro.
Le point J est associé au nombre (+ 1).
On se déplace dans le sens positif en allant de O vers J.

y_M est l'ordonnée du point M. Elle est lue sur l'axe vertical.

x_M est l'abscisse du point M. Elle est lue sur l'axe horizontal.

$(x'x)$ est appelé l'**axe des abscisses** gradué régulièrement à partir du point O associé au nombre zéro.
Le point I est associé au nombre (+ 1).
On se déplace dans le sens positif en allant de O vers I.

Exemple : M a pour coordonnées (– 6 ; 7).

J'applique

1 1. Dans un repère du plan, place les points : H (– 1 ; 5), P (– 2 ; 1), K (– 3 ; 3), L (1 ; – 3) et M (0 ; 1).
2. Place les points H', P', K', L' et M' tels qu'ils aient respectivement des abscisses et des ordonnées opposées à celles des points H, P, K, L et M. Que peux-tu dire des points H et H' ; P et P' ; K et K' ; L et L' ; M et M' ? Trace en rouge les segments [HK], [HL] et [PM] et en vert [H'K'], [H'L'] et [P'M'].

2 Découvre un mot de 7 lettres. Les renseignements suivants permettent de trouver les 7 lettres.

Remets-les dans l'ordre pour trouver le mot.
1. Son abscisse est égale à son ordonnée.
2. Son ordonnée est supérieure à + 5.
3. Son abscisse est inférieure à – 3.
4. Son abscisse et son ordonnée sont des nombres relatifs négatifs.
5. Son abscisse est comprise entre 1 et 3.
6. Son abscisse et son ordonnée sont des nombres relatifs opposés.
7. Son ordonnée vaut – 4 + 5.

Le mot est : _____ .

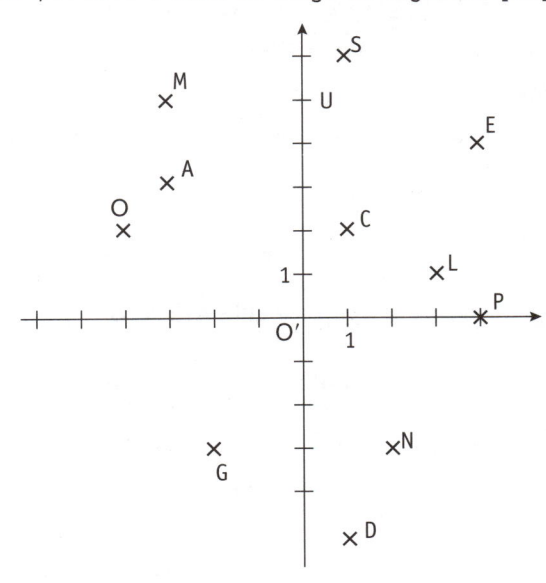

Je m'entraîne

3 1. Dans un repère du plan, place les points : A (– 3 ; 5), B (1 ; 5), C (– 1 ; 1), D (– 1 ; 5).
2. Place les points A', B', C' et D' respectivement symétriques des points A, B, C et D par rapport à O. Lis leurs coordonnées. Trace en rouge les segments [A'D'], [D'C'] et [D'B'] et en vert les segments [AD], [DC] et [DB].

21 Test d'une égalité

J'observe et je retiens

L'expression littérale 3a + 17 prend des valeurs différentes quand on remplace a par des valeurs différentes (voir fiche 6).

- Une égalité est une phrase mathématique signifiant que les deux membres de l'égalité (celui du côté gauche du signe « = » et celui du côté droit du signe « = ») sont égaux. Cette phrase peut être vraie ou fausse.
- Une égalité peut être vraie pour certaine(s) valeur(s).
L'égalité 8y + 5 = 37 est vraie si y = 4, mais elle est fausse pour toutes les autres valeurs de y.
- Une égalité peut être **toujours** vraie.
L'égalité 3a + 21a − 5a = 19a est vraie pour n'importe quelle valeur donnée au nombre a.
- Une égalité peut ne **jamais** être vraie.
L'égalité (4x − x + 2) − 3x = 8 n'est jamais vraie. Pour n'importe quelles valeurs de x, (4x − x + 2) − 3x vaut 2. Et 2 n'est pas égal à 8.

- **Qu'est-ce que tester une égalité ?**
Exemple : 2(x + 8) − 4
Après avoir développé 2(x + 8) − 4, un élève a trouvé 11x. Donc il écrit 2(x + 8) − 4 = 11x et il pense que l'égalité est toujours vraie. On peut chercher à tester cette égalité en vérifiant si la phrase « 2(x + 8) − 4 = 11x » est vraie pour des valeurs numériques choisies pour le nombre x.
− Pour $x = \frac{4}{3}$, $2(x + 8) − 4 = 2(\frac{4}{3} + 8) − 4 = 2 \times \frac{28}{3} − 4 = \frac{56}{3} − 4 = \frac{44}{3}$ et $11x = 11 \times \frac{4}{3} = \frac{44}{3}$.
L'égalité 2(x + 8) − 4 = 11x est vraie pour $x = \frac{4}{3}$.
− Pour x = 5, 2(x + 8) − 4 = 2(5 + 8) − 4 = 2 × 13 − 4 = 22 et 11x = 11 × 5 = 55.
22 ≠ 55, donc 2(5 + 8) − 4 ≠ 11 × 5, et l'égalité 2(x + 8) − 4 = 11x n'est pas toujours vraie. On peut conclure que le développement de 2(x + 8) − 4 n'est pas égal à 11x.
Remarque ▶ Dans la situation précédente, on a utilisé le test d'égalité pour valider un travail de développement.

J'applique

1 Calcule l'aire grisée en fonction du nombre a.
Puis calcule l'aire grisée quand a = 3, puis quand a = 7.

Quand a = 3 : _____
Quand a = 7 : _____

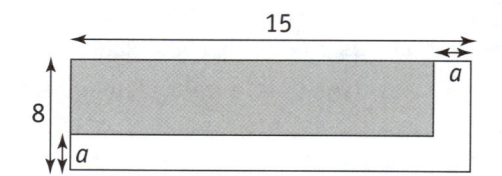

2 Développe, puis calcule 4(x + 5) − 6 + 12(2x − 1).

Teste les résultats obtenus. Pour x = 0 : _____ Pour x = 10 : _____

3 Pour chaque cas, dis si l'égalité 7u − 5 = 2b + 6 est vérifiée.
1er cas : u = 3 ; b = 2 ; 2e cas : $u = \frac{16}{7}$; $b = \frac{5}{2}$; 3e cas : u = 2 ; b = 1,5 ; 4e cas : u = 1 ; b = 0.

Je m'entraîne

4 Pour choisir le forfait de son téléphone portable, Arthur a deux possibilités :
Forfait A : 0,15 € par SMS. Forfait B : un abonnement mensuel de 3,50 € et ensuite 0,07 € par SMS.
1. Au mois de janvier, Arthur a envoyé 65 SMS. Quel prix devrait-il payer avec le forfait A ? avec le forfait B ?
2. S'il envoie x SMS dans un mois, exprime le prix qu'il doit payer avec le forfait A et avec le forfait B.
3. En mars, Arthur a payé 5,95 € pour 35 SMS. Quel forfait avait-il choisi ?

22 Durée et horaire

J'observe et je retiens

■ Les unités de temps peuvent s'écrire de deux manières différentes selon que l'on considère dans le **système sexagésimal** ou le **système décimal**.

Durée	1 h	$\frac{1}{2}$ h	$\frac{3}{4}$ h	$(1 + \frac{1}{2})$ h	$\frac{5}{12}$ h
Écriture dans le système sexagésimal	1h = 60 min ou 1h = 3 600 s	30 min ou 1 800 s	45 min ou 2 700 s	60 + 30 = 90 min ou 5 400 s	$60 \times \frac{5}{12}$ = 25 min ou 1 500 s
Écriture dans le système décimal	1h	0,5 h	0,75 h	1 + 0,5 = 1,5 h	$\frac{5}{12}$ h

Attention ▶ Ne confonds pas 2,1 heure et 2 heures 1 minute.

Exemple : 2,1 h = (2 + 0,1) h = $(2 + \frac{1}{10})$ h = 2 h + $\frac{1}{10}$ h = 2 h + $\frac{60}{10}$ min = 2 h + 6 min = 2 h 06 min

ou bien **2,1** heure = 120 min + $\frac{1}{10} \times 60$ min = 120 min + 6 min = **126 min** = 126×60 = **7 560 s**.

■ Dans le **système sexagésimal** (on compte de 60 en 60), une durée peut être exprimée en heures (ou h), en minutes (ou min) ou en secondes (ou s).
Dans 1 heure il y a 60 min et dans 1 minute il y a 60 s. Dans 1 heure il y a 3 600 s.
■ Dans le **système décimal** (on compte de 10 en 10), une durée peut être exprimée en heures ou en fraction d'heure ou sous forme décimale.

■ **Comment exprime-t-on la vitesse d'un véhicule dans différentes unités ?**

En 1 heure ou 60 min, une voiture parcourt 72 km.
Sa vitesse moyenne est de 72 km/h.
On suppose qu'elle roule à vitesse constante.
En 1 minute, la voiture parcourt $\frac{72}{60}$ km. Or $\frac{72}{60}$ = 1,2.
Sa vitesse moyenne est de 1,2 km/min.

En 1 minute ou 60 s, la voiture parcourt 1,2 km.
Sa vitesse moyenne est de 1,2 km/min.
On suppose qu'elle roule à vitesse constante.
En 1 seconde, elle parcourt $\frac{1,2}{60}$ km. Or $\frac{1,2}{60}$ = 0,02.
Sa vitesse moyenne est de 20 m/s.

■ Pour convertir une vitesse dans une unité différente, on utilise un **raisonnement de proportionnalité**.

J'applique

1 Exprime en heures, minutes, secondes (système sexagésimal) les durées suivantes :

3,2 h = (3 + 0,2) h = $(3 + \frac{\_\_}{10})$ h = 3 h + $\frac{\_\_}{10}$ h = 3 h + $\frac{\_\_}{10} \times 60$ min = 3 h + ___ min = ___ h ___ min

5,6 h = _____   7,75 h = _____

2 Convertis les vitesses suivantes dans les unités demandées :

1 800 km/h = ___ km/min   4,5 m/min = ___ cm/s   54 km/h = ___ km/min = ___ m/s
36 km/h = ___ m/s   540 km/h = ___ m/s   80 m/s = ___ km/h   5,8 m/min = ___ km/h

3 Exprime les durées suivantes dans l'unité demandée :

$\frac{3}{5}$ h = $\frac{3}{5} \times$ ___ min = ___ min ; $\frac{7}{12}$ h = $\frac{7}{12} \times$ ___ min = ___ min ; $\frac{13}{10}$ h = $\frac{13}{10} \times$ ___ s = ___ s

Je m'entraîne

4 Transforme les nombres suivants : 3 h 10 min ; 240 min ; 4,5 h et 9 000 s dans le système décimal puis dans le système sexagésimal en h, min ou s.

23 Proportionnalité : 4ᵉ proportionnelle

J'observe et je retiens

■ Deux grandeurs sont proportionnelles lorsque chaque valeur de l'une s'obtient en multipliant la valeur correspondante de l'autre par un même nombre non nul. Ce nombre est appelé le **coefficient de proportionnalité**.

Exemple : Pour préparer de la gelée de cassis, la recette est la suivante : 3,5 kg de cassis pour 2 kg de sucre.
Pour compléter ce tableau de proportionnalité :

Masse de sucre en kg	2	3	?
Masse de cassis en kg	3,5	?	14

– **1ʳᵉ méthode** : relation entre les nombres
3 kg de sucre ou 1,5 fois 2 kg de sucre. Donc la masse de cassis pour 3 kg de sucre sera 1,5 fois 3,5 kg. $1,5 \times 3,5 = 5,25$ kg.
14 kg de cassis ou 4 fois 3,5 kg de cassis. Donc la masse de sucre pour 14 kg de cassis sera 4 fois 2 kg. $4 \times 2 = 8$ kg.

– **2ᵉ méthode** : utilisation du coefficient de proportionnalité
$\frac{3,5}{2} = 1,75$. Cela veut dire que pour 1 kg de sucre, on utilise 1,75 kg de cassis.

Donc pour 3 kg de sucre, on utilise $3 \times 1,75 = 5,25$ kg de cassis. Pour 14 kg de cassis, on utilise $\frac{14}{1,75} = 8$ kg de sucre.

J'applique

1 Le tableau ci-dessous est-il un tableau de proportionnalité ?

4	14	8	10
6	21	12	15

2 Y a-t-il proportionnalité entre le prix de l'abonnement et la durée de l'abonnement ?

Abonnement GlissMag
6 mois : 15 € ; 1 an : 28 € ; 2 ans : 54 €

3 Dans la recette d'un dessert, les quantités des ingrédients sont proportionnelles au nombre de personnes pour lequel le dessert est préparé. Il faut 180 g de sucre pour 6 personnes.

Quelle quantité de sucre faut-il pour 2 personnes ?
Quelle quantité de sucre faut-il pour 10 personnes ?
Pour combien de personnes sera le dessert si j'utilise 450 g de sucre ?

Je m'entraîne

4 Complète le tableau de proportionnalité suivant :

0,4	4		20
	6	18	

5 Avec 0,5 litre de peinture « Tigre blanc », on peint 12 m² de murs. Combien de litres de peinture utilisera-t-on pour peindre 54 m² de murs ? Tu peux réaliser un tableau de proportionnalité.

Nombre de litres de peinture		
Surface peinte en m²		

24 Proportionnalité : taux de pourcentage

J'observe et je retiens

Exemple : Lors d'une réunion, sur 250 personnes, 80 ont les yeux bleus. On peut se demander quel est le pourcentage de personnes ayant les yeux bleus dans cette réunion. Cela consiste à trouver le nombre de personnes ayant les yeux bleus pour un total de 100 personnes avec la même proportion.

Nombre de personnes aux yeux bleus	80	a
Nombre total de personnes	250	100

(× 0,32)

Le coefficient pour passer de la 2ᵉ ligne à la 1ʳᵉ est $\frac{80}{250} = 0,32$
On a $a = 100 \times 0,32$.

Dans la même proportion, si le nombre total de personnes était de 100, 32 personnes auraient les yeux bleus. On dit que 32 % des personnes de la réunion ont les yeux bleus.

■ Quand on calcule quel pourcentage du nombre b représente le nombre a, on cherche le nombre qui pour 100 représente la même proportion que a pour b.

a	x
b	100

Connaissant a et b, trouver le nombre x, c'est **calculer la quatrième proportionnelle**. Calculer le taux d'un pourcentage, c'est faire le calcul d'une quatrième proportionnelle. (voir fiche 23).

Rappel ▸ Appliquer a % à la quantité n c'est calculer $n \times \frac{a}{100}$.

■ Le prix d'un article ou d'une facture est composée de deux parties :
– le prix hors taxe (prix HT) ;
– la TVA (taxe sur la valeur ajoutée) qui correspond à 19,6 %, 5,5 % ou 2,1 % du prix HT selon l'article ou la facture.

J'applique

1 Un pull-over coûtait 45 €. Au moment des soldes, il est vendu 36 €. Exprime en pourcentage du prix initial le montant de la remise ?

Le montant de la réduction est de : _____ .

Prix initial en €	45	100
Montant de la réduction en €		

Après avoir complété la première colonne, tu utilises le coefficient de proportionnalité du tableau ou bien l'égalité des produits en croix pour compléter la seconde colonne.

La réduction représente _____ % du prix initial du pull-over.

2 Calcule le montant de la TVA d'un article taxé à 19,6 % dont le prix est 80 € puis son prix TTC. Pourquoi le montant de la TVA est-il proportionnel au prix de l'article ?

Je m'entraîne

3 Dans un club sportif, 76% des pratiquants courent le 1 000 m en moins de 5 min 10 s.
Une sélection de 18 sportifs sur 30 courent le 1000 m en moins de 4 min 10 s.
Compare les résultats des sportifs sélectionnés avec l'ensemble des pratiquants sportifs.

4 Dans un collège sur 200 élèves, en 5ᵉ : 138 viennent à pied, 40 à vélo, 22 en autobus et sur 180 élèves en 4ᵉ : 117 viennent à pied, 36 à vélo, 27 en autobus.
Donne pour chaque classe le pourcentage des élèves qui viennent à pied, en vélo et en autobus.

5 Dans un club de judo, 12 sur 40 adhérents ont la ceinture marron.
Exprime la proportion des ceintures marron par rapport à l'ensemble des adhérents comme un pourcentage et comme une fraction ayant pour dénominateur 100.

6 Si un objet coûte HT p €, calcule le montant de la TVA et son prix TTC avec une TVA à 19,6 %, une TVA à 5,5 % et une TVA à 2,1 %.

25 Proportionnalité : échelle

J'observe et je retiens

- Les dimensions sur un plan (sur une carte) sont **proportionnelles** aux dimensions réelles.

  L'échelle de la représentation est le quotient $\dfrac{\text{dimension sur plan}}{\text{dimension réelle}}$ (les dimensions étant exprimées dans la même unité).

  On exprime souvent l'échelle sous forme d'une écriture fractionnaire de numérateur 1.

Exemple : Dans le cas d'un plan à l'échelle $\dfrac{1}{500}$, les dimensions sur le plan sont 500 fois plus petites que les dimensions réelles ou encore les dimensions réelles sont 500 fois plus grandes que les dimensions sur le plan. Donc 1 cm sur la carte représente 500 cm en réalité.

Dimensions sur le plan	1	___
Dimensions réelles	500	___

Ce tableau est un **tableau de proportionnalité**.
On utilise les règles de calcul habituelles.

Exemple : Sur un plan à l'échelle $\dfrac{1}{5\,000}$, la distance entre la mairie et le gymnase est de 7,8 cm.

- Quelle est la distance réelle entre la mairie et le gymnase ?

$7{,}8 \times 5000 = 39\,000$. La distance réelle entre la mairie et le gymnase est de 39 000 cm ou 390 m.

Exemple : La distance réelle entre le stade et le collège est de 1,5 km.

- Quelle est la distance entre le stade et le collège sur un plan à l'échelle $\dfrac{1}{5\,000}$?

1,5 km = 150 000 cm. Sur le plan, les dimensions sont 5 000 fois plus petites. 150 000/5000 = 30. Sur le plan, la distance entre le stade et le collège est de 30 cm.

J'applique

1 Sur le plan d'une ville à l'échelle $\dfrac{1}{2\,000}$, une avenue mesure 90 cm.

Quelle est la longueur réelle de cette avenue ?

Sur le plan, les dimensions sont _____ fois plus _____ que dans la réalité.

_____

2 Jules veut représenter la salle à manger de son appartement à l'échelle $\dfrac{1}{25}$. La salle à manger est un rectangle de dimensions 5,5m sur 4,3m.

Quelles dimensions aura la salle à manger sur le plan ?

Sur le plan, les dimensions de la salle à manger sont _____ fois plus _____ que les dimensions réelles.

_____

3 Jean a réalisé une maquette en représentant 5 m par 5 cm.

Quelle est l'échelle de cette maquette ? _____

_____

4 Les élèves d'un collège effectuent 1 300 m pour se rendre au cinéma.

Quelle distance sépare le collège du cinéma sur une carte à l'échelle $\dfrac{1}{5\,000}$? _____

Je m'entraîne

5 Sur une carte, la longueur d'un itinéraire de randonnée est de 64 cm. La longueur réelle de cette randonnée est de 16 km. Quelle est l'échelle de la carte ?

26 Proportionnalité : vitesse

J'observe et je retiens

Pendant un déplacement, lorsqu'on marche à allure constante (c'est-à-dire à la même vitesse), on dit qu'il s'agit d'un mouvement uniforme.

> ■ Lors d'un mouvement uniforme, la distance parcourue est proportionnelle à la durée du parcours. Le coefficient de proportionnalité est la vitesse.

Durée du parcours	
Distance parcourue	

Ce tableau est un **tableau de proportionnalité**.
On utilise les règles de calcul habituelles.

Exemple : Un train roule à allure constante et parcourt 320 km en 1 heure.

■ Quelle distance parcourt-il en $\frac{1}{4}$ h ? en 1 h 15 min ?

Le train roule à allure constante, le mouvement est donc uniforme.

En $\frac{1}{4}$ d'heure, il parcourt une distance 4 fois plus petite qu'en 1 h. $\frac{320}{4}$ = 80. En $\frac{1}{4}$ d'heure, il parcourt 80 km.

1 h 15 min, c'est 1 h et 1/4h. Donc le train parcourt 320 + 80 = 400 km.

■ Combien de temps met-il pour parcourir 64 km ?

$\frac{320}{64}$ = 5. 64 km, c'est 5 fois plus petit que 320 km. Donc pour parcourir 64km, le train met 5 fois moins de temps que pour parcourir 320 km. 1 h = 60 min. $\frac{60}{5}$ = 12 min. Le train met 12 min pour parcourir 64 km.

J'applique

❶ La vitesse autorisée sur la route est 90 kilomètres par heure. Un contrôle de vitesse est effectué par la prise du temps de passage des véhicules sur une portion de route longue de 1 600 m. Estelle a parcouru cette distance en une minute. Quelle serait la distance parcourue par Estelle en une heure si elle roulait à cette même vitesse constante ? Serait-elle en infraction ?

La distance parcourue en une heure est _____.
Elle _____.

❷ La distance entre Paris et Chamonix est environ 630 km.
1. Quel temps Annie mettra-t-elle pour parcourir cette distance si elle roule à 90 km/h ?
2. Quel temps Jean mettra-t-il pour parcourir cette distance s'il roule à 120 km/h ?
Le temps mis par Jean pour arriver à Chamonix est _____.
3. Quel serait le temps mis par un conducteur inconscient pour parcourir cette distance à 150 km/h ?
Le temps mis par cet automobiliste inconscient pour arriver à Chamonix est _____.

❸ Un motard a effectué un trajet de 96 km en 1 h 20 min. En supposant son mouvement uniforme, quelle distance a-t-il parcourue en 1 h ?

Je m'entraîne

❹ 1. À vélo, Jean-Louis roule d'abord pendant 20 minutes à la vitesse moyenne de 33 km/h et puis pendant 2 heures à la vitesse de 12 km/h. Quelle distance a-t-il parcourue ?
2. Quelle est sa vitesse moyenne sur l'ensemble de la promenade en km/min et en km/h ?

❺ La vitesse du son est de 340 mètres par seconde.
Exprime cette vitesse en km/h. Aide : Cherche la distance parcourue par le son en 1 h.

27 Gestion de données : vocabulaire

J'observe et je retiens

Lorsqu'on réalise une enquête statistique, on étudie des caractères concernant chaque individu. L'ensemble de tous les individus est appelé **la population**. Le caractère étudié peut être de type **qualitatif** ou **quantitatif**. On a l'habitude de présenter les réponses recueillies dans un tableau.

> ■ Le nombre total d'individus de la population est l'**effectif total**, le nombre d'individus ayant un même caractère est l'**effectif du caractère correspondant**.

Exemple : Aux 25 élèves d'une classe de 5e, on a demandé quel était leur principal loisir.

Principal loisir	sport	musique	jeu vidéo	télévision	lecture
Nombre d'élèves	5	4	9	4	3

Les caractères sont : sport, musique, jeu vidéo, télévision et lecture. Les caractères sont de type qualitatif. La population est l'ensemble des 25 élèves de la classe. L'effectif total est de 25. 5 élèves ont pour principal loisir le sport. On dit que 5 est l'effectif du caractère « sport », c'est-à-dire de la réponse « sport ».
Si on demande aux 25 élèves leur taille en cm, les caractères sont de type quantitatif.
Si 4 élèves du groupe interrogé mesurent 148 cm, l'effectif du caractère « 148 » est 4.

J'applique

1 Pour chaque question posée, précise quelle est la nature du caractère étudié : *qualitatif* ou *quantitatif*.

1. Pendant le mois de mars, combien de fois es-tu allé au cinéma ? _____
2. Quel est ton poids en kg ? _____
3. Quel sport d'équipe préfères-tu ? _____
4. Es-tu externe ou demi-pensionnaire ? _____
5. Combien de temps passes-tu devant la télévision ? _____

2 Voici la répartition de l'emploi du temps d'un élève de 5e selon les matières.

Matière	français	math	langue	histoire	biologie	Physique	musique	dessin	technologie	sport
Horaire	6	4	4	2	2	2	1	1	2	4

Quel est l'effectif du caractère « horaire de biologie » ? _____
Quel est l'effectif du caractère « horaire de français » ? _____

3 Comment vous rendez-vous au collège ? Cette question a été posée aux 180 élèves de 5e d'un collège. Voici les réponses recueillies regroupées dans un tableau.

Mode de transport	à pied	en voiture	en bus	à vélo
Nombre d'élèves	80	30	30	40

Quel est l'effectif total de la population étudiée ? _____
Quel est le type du caractère étudié ? _____

Complète la phrase : 80 est _____ de la réponse _____.

Je m'entraîne

4 Voici un tableau récapitulatif donnant le mois de naissance des élèves d'une classe de 5e.

Mois	janv	fév	mars	avril	mai	juin	juillet	août	sept	oct	nov	déc
Nombre	1	3	2	0	3	1	3	1	1	3	4	2

Combien d'élèves y a-t-il dans la classe ?
Quel est l'effectif du mois Juillet ?

28 Gestion de données : regroupement par classes

J'observe et je retiens

Il arrive que, lors d'une enquête statistique à caractère quantitatif, les réponses recueillies aient de nombreuses valeurs différentes. Pour faciliter l'étude de cette série, on regroupe les réponses par classes.

> ■ Une classe est un **intervalle de valeurs** que peut prendre le caractère.
> Regrouper par classes, c'est déterminer le nombre de valeurs qui sont dans chaque intervalle.
> L'**amplitude d'une classe** est la longueur de l'intervalle de valeurs. Il peut arriver que les classes aient des amplitudes différentes.

Exemple : Voici les réponses recueillies dans une classe de 5ᵉ à la question : « Quelle est votre taille en centimètres ? »
154 ; 172 ; 168 ; 163 ; 162 ; 160 ; 143 ; 160 ; 158 ; 161 ; 160 ; 154 ; 157 ; 153 ; 162 ; 176 ; 148 ; 160 ; 168 ; 170 ; 153 ; 153 ; 159 ; 156 ; 166 ; 157 ; 158 ; 187 ; 160 ; 149 ; 153 ; 143.
Les valeurs recueillies sont différentes. On les regroupe en intervalles ou classes réparties de 5 cm en 5cm. L'amplitude des classes est de 5 cm. Quand on considère l'intervalle de 140 cm à 145 cm, cela concerne les tailles supérieures ou égales à 140 cm et strictement inférieures à 145 cm.

Taille en cm	de 140 à 145	de 145 à 150	de 150 à 155	de 155 à 160	de 160 à 165	de 165 à 170	de 170 à 175	de 175 à 180	de 180 à 185	de 185 à 190
Nombre d'élèves ou effectif	2	2	6	6	9	3	2	1	0	1

6 élèves ont une taille supérieure à 150 cm et strictement inférieure à 155 cm. L'effectif de la classe de 150 à 155 est 6.

J'applique

1 À un groupe d'élèves, on a demandé : « Quelle somme d'argent de poche recevez-vous chaque semaine ? »

Montant reçu	moins de 2 €	de 2 € à 5 €	de 5 € à 6 €	de 6 € à 8 €
Nombre d'élèves	12	24	10	4

Quel est l'effectif total ? _____
Quelle est l'amplitude de chaque classe ?
« moins de 2 € » _____ ; « de 2 € à 5 € » : _____ ; « de 5 € à 6 € » : _____ ; « de 6 € à 8 € » : _____
Quel est l'effectif de la classe « de 5 € à 6 € » ? _____
Traduis cela par une phrase : _____

2 Une enquête a été réalisée auprès de 25 enfants. On leur a posé la question suivante : « Combien de temps regardes-tu la télévision chaque jour ? »

Temps t en heure	$0 \leq t < 0,5$	$0,5 \leq t < 1$	$1 \leq t < 1,5$	$1,5 \leq t < 2,5$
Nombre d'élèves	4	12	8	1

Précise le nombre de classes de ce regroupement.

Quelle est l'amplitude de la classe « $1,5 < t < 2,5$ » ? _____
Combien d'enfants regardent la télévision moins d'une heure chaque jour ? _____

Je m'entraîne

3 Voici les notes obtenues au dernier contrôle de mathématiques d'une classe de 5ᵉ :
15 ; 15 ; 06 ; 08 ; 07 ; 12 ; 16 ; 14 ; 12 ; 07 ; 18 ; 13 ; 13 ; 18 ; 14 ; 05 ; 14 ; 14 ; 13 ; 16 ; 12 ; 15 ; 06 ; 11 ; 10 ; 03 ; 09 ; 08 ; 10 ; 07 ; 06 ; 03.
1. Réalise un tableau des effectifs des notes obtenues. Quelle est la note qui a été la plus attribuée ?
2. On regroupe maintenant ces notes en intervalles de 4 points en 4 points. Dans l'intervalle de 0 à 4, on comptera les notes supérieures ou égales à 0 et strictement inférieures à 04. On continuera ainsi de suite.
Complète le tableau ci-contre

Notes n	$00 \leq n < 04$	$04 \leq n < 08$	$08 \leq n < 12$	$12 \leq n < 16$	$16 \leq n < 20$
Effectifs					

29 Gestion de données : fréquence

J'observe et je retiens

- Dans une étude statistique, la **fréquence** d'une valeur est le quotient de l'effectif de la valeur par l'effectif total.
- Ce quotient peut s'écrire sous plusieurs formes : écriture décimale (valeur exacte ou approchée), écriture fractionnaire.
- Si la fréquence d'une valeur est écrite comme un quotient de dénominateur 100, on dit que la fréquence est exprimée en **pourcentage** (%).

Exemple : On reprend l'exemple de la fiche 28 des tailles des 32 élèves d'une classe de 5e.
Pour l'intervalle « de 170 à 175 », la fréquence est $\frac{2}{32}$, ou encore $\frac{1}{16}$. Cela signifie que $\frac{1}{16}$ des élèves interrogés ont une taille supérieure ou égale à 170 cm et strictement inférieure à 175 cm.
$\frac{1}{16} = \frac{6,25}{100}$, donc on peut aussi dire que la fréquence de l'intervalle « de 170 à 175 » est 6,25 %. Cela signifie que 6,25 % des élèves interrogés ont une taille supérieure ou égale à 170 cm et strictement inférieure à 175 cm.
$\frac{2}{32} = 0,0625$. $\frac{2}{32}$ ou $\frac{1}{16}$ est une écriture de la fréquence en fraction. 6,25 % est l'expression de la fréquence en pourcentage. 0,0625 est l'écriture décimale de la fréquence.

Remarques) Une fréquence traduit la proportion d'un caractère dans une population. Une fréquence permet donc de comparer la répartition d'un même caractère dans deux populations d'effectif différent. (Voir exercice 4).

- La somme des fréquences d'une série statistique est égale à **1** (ou **100 %** quand les fréquences sont exprimées en pourcentage).

J'applique

1 On reprend l'exercice 2 de la fiche 28.

Temps t en heure	$0 < t < 0,5$	$0,5 < t < 1$	$1 < t < 1,5$	$1,5 < t < 2,5$
Fréquence en fraction				
Fréquence en %				

Calcule la somme des fréquences :
_____
_____

2 Avec les données de l'exercice 3 de la fiche 28, complète le tableau ci-dessous :

Notes n	$00 < n < 04$	$04 < n < 08$	$08 < n < 12$	$12 < n < 16$	$16 < n < 20$
Effectifs					
Fréquence					

3 Avec les données de l'exercice 1 de la fiche 28, complète les phrases suivantes :

____ % des élèves interrogés reçoivent de 2 € à 5 € d'argent de poche par semaine.

$\frac{\_\_\_\_}{50}$ des élèves interrogés reçoivent de 2 € à 5 € d'argent de poche par semaine.

$\frac{\_\_\_\_}{100}$ des élèves interrogés reçoivent de 6 € à 8 € d'argent de poche par semaine.

Je m'entraîne

4 Complète la ligne « fréquence » du tableau.

5e A	Mer	Montagne	Campagne	Pas parti	5e B	Mer	Montagne	Campagne	Pas parti
Effectif	10	8	5	2	Effectif	15	10	7	3
Fréquence					Fréquence				

Dans quelle classe de 5e, la proportion des élèves qui sont partis à la montagne est-elle la plus importante ?

Maths 5ᵉ — CORRIGÉS

ALGÈBRE

1. Expression numérique : addition et soustraction page 4

❶ A = 95 − 48 + 52
A = 47 + 52
A = 99

B = (95 − 48) + 52
B = 47 + 52
B = 99

C = 175 − (48 + 52)
C = 175 − 100
C = 75

D = 115 − 52 − 48
D = 63 − 48
D = 15

❷ E = 8,5 + [15 − (6 + 5)]
E = 8,5 + [15 − 11]
E = 8,5 + 4
E = 12,5

F = [17 − (9,5 − 3)] − 3,2
F = [17 − 6,5] − 3,2
F = 10,5 − 3,2
F = 7,3

G = 52,5 + 7,5 − (53,5 − 4,5)
G = 52,5 + 7,5 − 49
G = 60 − 49
G = 11

H = (71 − 30,9) − [40 − (35 − 5)]
H = 40,1 − [40 − 30]
H = 40,1 − 10
H = 30,1

❸ 1. C ; 2. B ; 3. A.

❹ Le paquet de feuilles perforées coûte :
24,70 − (5,40 + 15,50) = 24,70 − 20,90 = 3,80 €.

❺ La somme rendue à Claire est :
50 − (4,75 + 16 + 7,80) = 50 − 28,55 = 21,45 €.

❻ La somme d'argent que Loïc doit retirer de son compte épargne pour pouvoir faire ses deux achats est :
(150 + 23,75) − (50 + 53) = 173,75 − 103 = 70,75 €.
Le montant qu'il lui restera alors sur son compte épargne est :
250 − 70,75 = 179,25 €.

2. Expression numérique : addition, soustraction, multiplication, page 5

❶ (7 + 8) × 3 = 15 × 3 = 45 ; 6 × 31 − 20 = 186 − 20 = 166 ;
36 − (6 + 2) × 4 = 36 − 8 × 4 = 36 − 32 = 4 ;
[14 − (0,2 × 5 + 8)] × 6 = [14 − (1 + 8)] × 6 = (14 − 9) × 6 = 5 × 6 = 30

❷ 41 − (16 + 4 × 0,5) = 41 − (16 + 2) = 41 − 18 = 23 ;
12 × 8 − 15 + 5 × 9 = 96 − 15 + 45 = 81 + 45 = 126 ;
(61 − 22) × (13,6 − (4,1 + 7,5)) = 39 × (13,6 − 11,6) = 39 × 2 = 78

❸ A = 29 + 3 × 15 = 29 + 45 = 74
B = 25 × (132 − 92) = 25 × 40 = 1 000
C = 0,25 × 4 + 2 × 17 = 1 + 34 = 35
D = 7,2 − 4 × 0,18 = 0,72 − 0,72 = 0

❹ (5 × 2 + 6) − (0,75 × 2 + 1,90 × 3 + 7,50) = 16 − 14,70 = 1,30
Il restera 1,30 €.

❺ (6 + 5) × 4 − (3 − (2 + 1)) = 44
6 + 5 × (4 − 3) − 2 + 1 = 10

6 + 5 × 4 − (3 − (2 + 1)) = 26
6 + 5 × (4 − 3) − (2 + 1) = 8

3. Expression numérique : quotient, page 6

❶ $\frac{18 + 9}{13 - 4} = \frac{27}{9} = 3$; $\frac{7 + 5 \times 18}{4 \times 5} = \frac{7 + 90}{20} = \frac{97}{20} = 4,85$

$\frac{73 - 8 + 9}{5 \times (13,2 - 9,2)} = \frac{74}{5 \times 4} = \frac{74}{20} = 3,7$;

$\frac{(29 - 25) \times (151 - 28)}{13 - 4,5 \times 2} = \frac{4 \times 123}{13 - 9} = \frac{492}{4} = 123$

❷ 72 : 8 + 2 = 9 + 2 = 11 ;
49 − 4 × 5 + 17 − 15 : 2 + 3 = 49 − 20 + 17 − 7,5 + 3 = 29 + 17 − 7,5 + 3 = 41,5
4 500 : (300 + 6 × 200) = 4 500 : (300 + 1 200) = 4 500 : 1 500 = 3

❸ (144 : 24) : 4 = $\frac{\frac{144}{24}}{4}$ = $\frac{6}{4}$ = 1,5 ; 144 : (24 : 4) = $\frac{144}{\frac{24}{4}}$ = $\frac{144}{6}$ = 24

❹ $84 - \frac{4 \times 5,25}{15} = 84 - \frac{21}{15} = 84 - 4,2 = 82,6$;

$\frac{36 + 1,5 \times 2}{28 - 7,5 \times 2} = \frac{36 + 3}{28 - 15} = \frac{39}{13} = 3$;

$120 + 4 \times \frac{32 : 8 + 5}{0,7 + 5,3} = 120 + 4 \times \frac{4 + 5}{6} = 120 + 4 \times \frac{9}{6}$
$= 120 + 4 \times 1,5 = 120 + 6 = 126$

❺ 1. $\frac{33 + 127}{800 \times 0,5} = \frac{160}{400} = 0,4$; 2. $0,7 + \frac{4,8}{6} = 0,7 + 0,8 = 1,5$

4. Distributivité de la multiplication par rapport à l'addition ou à la soustraction : développement, page 7

❶ D = 8 × 17 + 8 × 2,5
D = 136 + 20
D = 156

E = 10 × 25 − 10 × 6 + 10 × 4
E = 250 − 60 + 40
E = 190 + 40
E = 230

M = 9 × 23 − 9 × 4,2
M = 207 − 37,8
M = 169,2

N = 20 × 45 − 20 × 16 + 20 × 4
N = 900 − 320 + 80
N = 580 + 80
N = 660

❷ 1. 795 × 24 = (695 + 100) × 24 = 695 × 24 + 100 × 24
= 16 680 + 2 400 = 19 080 ;
695 × 34 = 695 × (24 + 10) = 695 × 24 + 695 × 10
= 16 680 + 6 950 = 23 630

Corrigés détachables

2. $795 \times 340 = (695 + 100) \times 340 = 695 \times 340 + 100 \times 340$
$= 695 \times 34 \times 10 + 100 \times 34 \times 10$
$= 23\,630 \times 10 + 3\,400 \times 10$
$= 236\,300 + 34\,000 = 270\,300$

❸ $238 \times 101 = 238 \times (100 + 1) = 238 \times 100 + 238 \times 1$
$= 23\,800 + 238 = 24\,038$
$795 \times 99 = 795 \times (100 - 1) = 795 \times 100 - 795 \times 1 = 79\,500 - 795$
$= 78\,705$
$35 \times 104 = 35 \times (100 + 4) = 35 \times 100 + 35 \times 4 = 3\,500 + 140 = 3\,640$

❹ Première manière : $(1,02 + 0,50) \times 8 = 1,52 \times 8 = 12,16$.
Seconde manière : $1,02 \times 8 + 0,50 \times 8 = 8,16 + 4 = 12,16$.

❺ L'aire d'un rectangle $= L \times l$
1re méthode : La longueur du champ rectangulaire ABCD est :
$AB = AJ + JB = a + b = 240 + 150 = 390$ m.
L'aire du champ rectangulaire ABCD est :
$AB \times BC = 390 \times 90 = 35\,100$ m².
2e méthode : L'aire du champ rectangulaire ABCD est égale à la somme des aires des champs rectangulaires AJID et JBCI.
L'aire du champ rectangulaire ABCD est :
$AJ \times JI + JB \times BC = 240 \times 90 + 150 \times 90 = 21\,600 + 13\,500$
Aire $= 35\,100$ m².

5. Distributivité de la multiplication par rapport à l'addition ou à la soustraction : factorisation, page 8

❶ $A = 127 \times (12 - 2)$ $B = 14,5 \times (47,95 + 2,05)$
$A = 127 \times 10$ $B = 14,5 \times 50$
$A = 1\,270$ $B = 725$
$C = 21,564 \times (2,47 + 7,53)$
$C = 21,564 \times 10$
$C = 215,64$

❷ $D = (6 + 21 - 7) \times 204,52$
$D = 20 \times 204,52$
$D = 4\,090,4$
$E = (9 + 2) \times 71,23 + (7 + 4) \times 28,77$
$E = 11 \times 71,23 + 11 \times 28,77$
$E = 11 \times (71,23 + 28,77)$
$E = 11 \times 100$
$E = 1\,100$

❸ 1. $A = 6 \times 12$
2. $B = 5 \times 12$
3. $A + B = 6 \times 12 + 5 \times 12 = (6 + 5) \times 12 = 11 \times 12 = 132$
4. Pierre a acheté 132 bouteilles de jus de fruits en tout.

❹ 1. La dépense par mois pour l'achat du journal est $1,30 \times 4 = 5,20$ €.
2. La dépense par mois pour l'achat du magazine est $3,50 \times 4 = 14$ €.
3. **1re méthode :** La dépense totale par mois est :
$1,30 \times 4 + 3,50 \times 4 = 5,20 + 14 = 19,20$ €.
2e méthode : La dépense totale par mois est :
$(1,30 + 3,50) \times 4 = 4,80 \times 4 = 19,20$ €.

6. Calcul littéral, page 9

❶ $8 \times t = 8t$; $15 + x \times x = 15 + x^2$;
$13 \times (9 + y) = 13(9 + y)$;
$x \times y - 4 \times (x \times x + 6) = xy - 4(x^2 + 6)$

❷ La différence de 42 et du triple de y : $42 - 3y$
Le quart de la somme de a et de 9 : $\dfrac{a+9}{4}$
Le double de la somme de t et du produit de 6 par u : $2(t + 6u)$

❸

Valeurs de x	$A = 5x + 7$	$B = 31 - 2x$	$C = 8 + 2x^2$
$x = 0,5$	$A = 5 \times 0,5 + 7 = 2,5 + 7 = 9,5$	$B = 31 - 2 \times 0,5 = 31 - 1 = 30$	$C = 8 + 2 \times 0,5 \times 0,5 = 8 + 0,5 = 8,5$
$x = 9$	$A = 5 \times 9 + 7 = 45 + 7 = 52$	$B = 31 - 2 \times 9 = 31 - 18 = 13$	$C = 8 + 2 \times 9 \times 9 = 8 + 162 = 170$

❹ $15(x - 4) = 15 \times x - 15 \times 4 = 15x - 60$;
$2(x + 8) - 4 = 2 \times x + 2 \times 8 - 4 = 2x + 16 - 4 = 2x + 12$;
$4(2x + 1) + 5(7 - x) = 4 \times 2x + 4 \times 1 + 5 \times 7 - 5 \times x = 8x + 4 + 35 - 5x$
$= 8x - 5x + 4 + 35 = 3x + 39$

❺ $12x + 16 = \mathbf{4} \times 3x + \mathbf{4} \times 4 = 4(3x + 4)$;
$27 - 9y = \mathbf{9} \times 3 - \mathbf{9} \times y = 9(3 - y)$;
$3x + x^2 + 8x = \mathbf{x} \times 3 + \mathbf{x} \times x + \mathbf{x} \times 8 = x(3 + x + 8) = x(x + 11)$

❻ $P_1 = x \times 4 = 4x$ et $P_2 = 2(y + 6 + y) = 2(2y + 6)$
1er cas : $P_1 = 4 \times 3 = 12$ et $P_2 = 2(2 \times 4 + 6) = 2(8 + 6) = 2 \times 14 = 28$.
On a : $P_1 < P_2$.
2e cas : $P_1 = 4 \times 11 = 44$ et $P_2 = 2(2 \times 5 + 6) = 32$. On a : $P_1 > P_2$.
3e cas : $P_1 = 4 \times 5 = 20$ et $P_2 = 2(2 \times 2 + 6) = 20$. On a : $P_1 = P_2$.

❼ Le résultat final correspond à l'expression :
$(x \times 4 + 6) \times 5 - 30 = 5(4x + 6) - 30$.
Cette expression est égale à $5 \times 4x + 5 \times 6 - 30 = 20x + 30 - 30 = 20x$.
Le résultat final est donc égal au produit du nombre x par 20.
À partir de la valeur du résultat final, il faut diviser cette valeur par 20 pour retrouver le nombre x.

7. Puissances d'un nombre, page 10

❶ $A = 3^4 = 3 \times 3 \times 3 \times 3 = 81$
$B = 2^3 = 2 \times 2 \times 2 = 8$
$C = 32^2 = 32 \times 32 = 1\,024$
$D = 0,8^4 = 0,8 \times 0,8 \times 0,8 \times 0,8 = 0,4096$
$E = 1^5 = 1 \times 1 \times 1 \times 1 \times 1 = 1$
$F = 1,2^3 = 1,2 \times 1,2 \times 1,2 = 1,728$
$G = 5^7 = 5 \times 5 \times 5 \times 5 \times 5 \times 5 \times 5 = 78\,125$
$H = \left(\dfrac{7}{3}\right)^2 = \dfrac{7}{3} \times \dfrac{7}{3} = \dfrac{49}{9}$

❷ Le carré de 8 : $8^2 = 8 \times 8 = 64$;
le cube de 0,2 : $0,2^3 = 0,2 \times 0,2 \times 0,2 = 0,008$.
Le carré de 1,3 : $1,3^2 = 1,3 \times 1,3 = 1,69$;
le cube de 3 : $3^3 = 3 \times 3 \times 3 = 27$.
Le carré de $\dfrac{2}{3}$: $\left(\dfrac{2}{3}\right)^2 = \dfrac{2}{3} \times \dfrac{2}{3} = \dfrac{4}{9}$;
le cube de $\dfrac{5}{2}$: $\left(\dfrac{5}{2}\right)^3 = \dfrac{5}{2} \times \dfrac{5}{2} \times \dfrac{5}{2} = \dfrac{125}{8}$.

❸ 4 m² $= 400$ dm² $= 40\,000$ cm² ; $13,5$ dm² $= 1\,350$ cm² ;
$0,2$ m² $= 20$ dm² $= 2\,000$ cm² ; 418 cm² $= 41\,800$ mm² $= 4,18$ dm².

❹ 6 m³ $= 6\,000$ dm³ $= 6\,000\,000$ cm³ ; $0,8$ dm³ $= 800$ cm³ ;
350 cm³ $= 0,350$ dm³.

❺ L'échelle est 1/500, donc sur le plan, les dimensions sont 500 fois plus petites que les dimensions réelles.
$80/500 = 0,16$ et $30/500 = 0,06$.
Sur le plan, le jardin est un rectangle de dimensions 0,16 m sur 0,06 m ou encore 16 cm sur 6 cm.
$6/500 = 0,012$. La cabane est un carré de côté 0,012 m ou 1,2 cm.
L'aire de la surface disponible dans le jardin est :
$80 \times 30 - 6^2 = 2\,400 - 36 = 2\,364$ m².
En cm², cette aire est de $23\,640\,000$ cm².
Sur le plan, la surface disponible est de :
$16 \times 6 - 1,2^2 = 96 - 1,44 = 94,56$ cm².
$23\,640\,000 / 94,56 = 250\,000$.
$250\,000 = 500 \times 500 = 500^2$.
La surface sur le plan est 250 000 fois plus petite que la surface réelle.

8. Multiples et diviseurs d'un entier naturel, page 11

❶ Les multiples de 11 inférieurs à 87 sont 0 ; 11 ; 22 ; 33 ; 44 ; 55 ; 66 ; 77.

❷ Les multiples de 17 inférieurs à 200 et supérieurs à 100 sont 102 ; 119 ; 136 ; 153 ; 170 ; 187.

❸ Les 15 premiers multiples de 68 sont 0 ; 68 ; 136 ; 204 ; 272 ; 340 ; 408 ; 476 ; 544 ; 612 ; 680 ; 748 ; 816 ; 884 et 952.

❹ Soit abcd les nombres de 4 chiffres possibles. Les lettres représentent les chiffres.
Le chiffre c des centaines est 7 donc les nombres s'écrivent a7bd.
Ils sont multiples de 5, ils se terminent par 0 ou 5 ils deviennent a7b0 ou a7b5.
Ils sont strictement inférieurs à 3 000 ils s'écrivent 17b0 ou 27b0 ou 17b5 ou 27b5
Ils sont multiples de 3, la somme de leurs chiffres est un multiple de 3.
1 + 7 + b + 0 = 8 + b est un multiple de 3 si b = 1 ou b = 4 ou b = 7
2 + 7 + b + 0 = 9 + b est un multiple de 3 si b = 0 ou b = 3 ou b = 6 ou b = 9
1 + 7 + b + 5 = 13 + b est un multiple de 3 si b = 2 ou b = 5 ou b = 8
2 + 7 + b + 5 = 14 + b est un multiple de 3 si b = 1 ou b = 4 ou b = 7
Les nombres sont 1 710 ou 1 740 ou 1 770 ou 2 700 ou 2 730 ou 2 760 ou 2 790 ou 1 725 ou 1 755 ou 1 785 ou 2 715 ou 2 745 ou 2 775

❺ Soit abc l'écriture avec 3 chiffres du nombre de CD. En groupant les CD par 2 ou par 3 ou par 5, « c'est pareil : il en reste 1 ».
(abc − 1) CD est à la fois multiple de 2 ; de 3 et de 5.
S'il est multiple de 2 et de 5 alors il est multiple de 10. Donc son chiffre des unités c'est zéro.
Le nombre de CD étant compris entre 250 et 300 alors son chiffre des centaines a est 2 et comme il est multiple de 3 alors 2 + b + 0 est un multiple de 3 d'où b = 7.
Le nombre de CD sera : 270 + 1 = 271

❻ 35 est un multiple de 5 : **Vrai** ; 6 est un diviseur de zéro : **Vrai** ; 19 a pour diviseur 3 : **Faux** ; 0 est un multiple de 76 : **Vrai**.
125 a pour multiple 15 : **Faux** ; 10 est un multiple 20 : **Vrai** ; 0 est un diviseur de 45 : **Faux** ; 1 divise n'importe quel entier naturel : **Vrai**.

9. Écritures fractionnaires : proportion, page 12

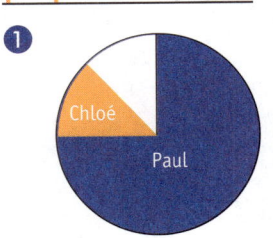

❶ [Diagramme circulaire : Chloé, Paul]

❷ La partie coloriée représente $\frac{7}{16}$ de la figure.

❸ [droite graduée : prix du jeu]

❹ Les reptiles représentent $\frac{7}{24}$ des animaux du zoo.

❺ Le nombre dont le produit par 4 est égal à 7 est $\frac{7}{4}$.
$4 \times 1,75 = 7$, donc le produit de 1,75 par 4 est égal à 7 et par conséquent $\frac{7}{4} = 1,75$.

❻ $\frac{38}{125}$ des élèves de l'école de ski sont inscrits en 1re étoile.

10. Écritures fractionnaires : égalités, page 13

❶ $\frac{14}{12} = \frac{2 \times 7}{2 \times 6} = \frac{7}{6}$; $\frac{70}{60} = \frac{7 \times 10}{6 \times 10} = \frac{7}{6}$; $\frac{21}{18} = \frac{3 \times 7}{3 \times 6} = \frac{7}{6}$;
$\frac{9}{12} = \frac{3 \times 3}{3 \times 4} = \frac{3}{4}$; $\frac{16}{40} = \frac{8 \times 2}{8 \times 5} = \frac{2}{5}$; $\frac{12}{30} = \frac{6 \times 2}{6 \times 5} = \frac{2}{5}$;
$\frac{24}{60} = \frac{12 \times 2}{12 \times 5} = \frac{2}{5}$; $\frac{15}{60} = \frac{15 \times 1}{15 \times 4} = \frac{1}{4}$; $\frac{12}{45} = \frac{3 \times 4}{3 \times 15} = \frac{4}{15}$

❷ $\frac{18}{8} = \frac{2 \times 9}{2 \times 4} = \frac{9}{4}$; $\frac{45}{20} = \frac{5 \times 9}{5 \times 4} = \frac{9}{4}$; $\frac{90}{40} = \frac{10 \times 9}{10 \times 4} = \frac{9}{4}$; $\frac{36}{16} = \frac{4 \times 9}{4 \times 4} = \frac{9}{4}$.

❸ $\frac{840}{700} = \frac{10 \times 84}{10 \times 70} = \frac{84}{70} = \frac{7 \times 12}{7 \times 10} = \frac{12}{10} = \frac{6}{5}$; $\frac{18}{45} = \frac{9 \times 2}{9 \times 5} = \frac{2}{5}$;
$\frac{25}{60} = \frac{5 \times 5}{5 \times 12} = \frac{5}{12}$.

❹ $\frac{18}{45} = \frac{9 \times 2}{9 \times 5} = \frac{2}{5} = \frac{4}{10} = 0,4$ et $\frac{63}{225} = \frac{9 \times 7}{9 \times 25} = \frac{7}{25} = \frac{7 \times 4}{25 \times 4} = \frac{28}{100} = 0,28$.

❺ $\frac{19}{0,32} = \frac{19 \times 100}{0,32 \times 100} = \frac{1\,900}{32} = 59,375$ et
$\frac{0,15}{1,6} = \frac{0,15 \times 10}{1,6 \times 10} = \frac{1,5}{16} = 0,09375$.

11. Fractions : comparaison, page 14

❶ $\frac{17}{9} > \frac{12}{9}$; $\frac{18}{12} = \frac{3 \times 6}{3 \times 4} = \frac{6}{4}$; $\frac{6}{4} > \frac{5}{4}$, donc $\frac{18}{12} > \frac{5}{4}$; $\frac{7}{5} > 1$ et $\frac{1}{3} < 1$,
donc $\frac{7}{5} > \frac{1}{3}$; $\frac{13}{4} = \frac{9 \times 13}{9 \times 4} = \frac{111}{36}$; $\frac{111}{36} > \frac{75}{36}$ donc $\frac{13}{4} > \frac{75}{36}$;
$\frac{7}{13} < 1$ et $\frac{13}{7} > 1$ donc $\frac{7}{13} < \frac{13}{7}$; $\frac{25}{8} = 3,125$ et $3,125 > 3$ donc $3 < \frac{25}{8}$.

❷ $\frac{2}{5}$; $\frac{9}{12}$; $\frac{16}{40}$; $\frac{12}{30}$; $\frac{3}{4}$; $\frac{24}{60}$ sont les fractions inférieures à 1.

❸ On classe les fractions inférieures à 1.
$\frac{5}{6} = \frac{5 \times 5}{5 \times 6} = \frac{25}{30}$; $\frac{2}{3} = \frac{20}{30}$; $\frac{11}{15} = \frac{22}{30}$; $\frac{25}{30} > \frac{23}{30} > \frac{22}{30} > \frac{20}{30}$
donc $\frac{5}{6} > \frac{23}{30} > \frac{11}{15} > \frac{2}{3}$. On classe les fractions supérieures à 1.
$\frac{8}{5} = \frac{80}{50}$; $\frac{31}{25} = \frac{62}{50}$; $\frac{80}{50} > \frac{62}{50} > \frac{61}{50}$ donc $\frac{8}{5} > \frac{31}{25} > \frac{61}{50}$.
Conclusion : $\frac{8}{5} > \frac{31}{25} > \frac{61}{50} > \frac{5}{6} > \frac{23}{30} > \frac{11}{15}$.

❹ $\frac{4}{3} = \frac{16}{12}$; $\frac{5}{6} = \frac{10}{12}$; $\frac{1}{2} = \frac{6}{12}$; $\frac{3}{2} = \frac{18}{12}$; $\frac{3}{12} < \frac{6}{12} < \frac{7}{12} < \frac{10}{12} < \frac{16}{12}$.
Donc $\frac{3}{12} < \frac{1}{2} < \frac{7}{12} < \frac{5}{6} < \frac{4}{3}$.

[droite graduée : 0 ; $\frac{3}{12}$; $\frac{1}{2}$; $\frac{7}{12}$; $\frac{5}{6}$; 1 ; $\frac{4}{3}$]

❺ $\frac{72}{320} = 0,225$ et $\frac{55}{250} = 0,22$. $0,22 < 0,225$ donc $\frac{55}{250} < \frac{72}{320}$. Le lundi, la proportion des élèves de 5e est la plus importante parmi les demi-pensionnaires.

❻ Dans la classe de 5e A, la proportion d'élèves ayant eu la rougeole est : $\frac{14}{25}$. Dans la classe de 5e B, la proportion d'élèves ayant eu la rougeole est : $\frac{60}{100}$. $\frac{14}{25} = \frac{14 \times 4}{25 \times 4} = \frac{56}{100}$ et $\frac{56}{100} < \frac{60}{100}$
La proportion d'élèves ayant eu la rougeole en 5e B est plus importante qu'en 5e A.

❼ **1.** $\frac{3}{5} = \frac{3 \times 2}{5 \times 2} = \frac{6}{10}$ et $\frac{4}{5} = \frac{4 \times 2}{5 \times 2} = \frac{8}{10}$

$\dfrac{6}{10} < \dfrac{7}{10} < \dfrac{8}{10}$ donc $\dfrac{3}{5} < \dfrac{7}{10} < \dfrac{4}{5}$

2. $\dfrac{17}{21} = \dfrac{17 \times 2}{21 \times 2} = \dfrac{34}{42}$ et $\dfrac{18}{21} = \dfrac{18 \times 2}{21 \times 2} = \dfrac{36}{42}$

$\dfrac{34}{42} < \dfrac{35}{42} < \dfrac{36}{42}$ donc $\dfrac{17}{21} < \dfrac{35}{42} < \dfrac{18}{21}$

3. $\dfrac{61}{15} = \dfrac{61 \times 2}{15 \times 2} = \dfrac{122}{30}$ et $\dfrac{62}{15} = \dfrac{62 \times 2}{15 \times 2} = \dfrac{124}{30}$

$\dfrac{122}{30} < \dfrac{123}{30} < \dfrac{124}{30}$ donc $\dfrac{61}{15} < \dfrac{123}{30} < \dfrac{62}{15}$

12. Fractions : addition et soustraction, page 15

❶ $\dfrac{12}{15} + \dfrac{20}{15} = \dfrac{32}{15}$; $\dfrac{52}{18} - \dfrac{28}{18} = \dfrac{24}{18} = \dfrac{6 \times 4}{6 \times 3} = \dfrac{4}{3}$; $\dfrac{20}{15} - \dfrac{12}{15} = \dfrac{8}{15}$;

$\dfrac{25}{30} + \dfrac{25}{30} = \dfrac{50}{30} = \dfrac{5 \times 10}{3 \times 10} = \dfrac{5}{3}$

$\dfrac{25}{30} - \dfrac{25}{30} = \dfrac{0}{30} = 0$; $\dfrac{52}{18} + \dfrac{28}{18} = \dfrac{80}{18}$; $\dfrac{38}{15} + \dfrac{14}{15} = \dfrac{52}{15}$; $\dfrac{28}{24} - \dfrac{16}{24} = \dfrac{12 \times 1}{12 \times 2} = \dfrac{1}{2}$;

$\dfrac{24}{40} + \dfrac{16}{40} = \dfrac{40}{40} = 1$.

❷ $\dfrac{13}{20} + \dfrac{20}{15} = \dfrac{13 \times 3}{5 \times 3} + \dfrac{20}{15} = \dfrac{39 + 20}{15} = \dfrac{59}{15}$

$\dfrac{20}{30} - \dfrac{12}{15} = \dfrac{25}{30} - \dfrac{12 \times 2}{15 \times 2} = \dfrac{25 - 24}{30} = \dfrac{1}{30}$

$\dfrac{13}{8} + \dfrac{16}{24} = \dfrac{13 \times 3}{8 \times 3} + \dfrac{16}{24} = \dfrac{39 + 16}{24} = \dfrac{55}{24}$

$\dfrac{15}{14} + \dfrac{4}{7} = \dfrac{15}{14} + \dfrac{2 \times 4}{2 \times 7} = \dfrac{15 + 8}{14} = \dfrac{23}{14}$

$\dfrac{45}{72} + \dfrac{7}{12} = \dfrac{45}{72} + \dfrac{7 \times 6}{12 \times 6} = \dfrac{45 + 42}{72} = \dfrac{87}{72} = \dfrac{29 \times 3}{24 \times 3} = \dfrac{29}{24}$

$\dfrac{4}{3} - \dfrac{24}{36} = \dfrac{4 \times 12}{3 \times 12} - \dfrac{24}{36} = \dfrac{48 - 24}{36} = \dfrac{24}{36} = \dfrac{12 \times 2}{12 \times 3} = \dfrac{2}{3}$

$\dfrac{25}{30} - \dfrac{45}{60} = \dfrac{25 \times 2}{30 \times 2} - \dfrac{45}{60} = \dfrac{50 - 45}{60} = \dfrac{5}{60} = \dfrac{5 \times 1}{5 \times 12} = \dfrac{1}{12}$

$\dfrac{52}{18} + \dfrac{2}{3} = \dfrac{52}{18} + \dfrac{6 \times 2}{6 \times 3} = \dfrac{52 + 12}{18} = \dfrac{64}{18} = \dfrac{32 \times 2}{9 \times 2} = \dfrac{32}{9}$

❸ $\dfrac{13}{8} + \dfrac{7}{5} = \dfrac{13 \times 5}{8 \times 5} + \dfrac{7 \times 8}{5 \times 8} = \dfrac{65 + 56}{40} = \dfrac{121}{40}$

$\dfrac{38}{15} - \dfrac{3}{4} = \dfrac{38 \times 4}{15 \times 4} - \dfrac{3 \times 15}{4 \times 15} = \dfrac{152 + 45}{60} = \dfrac{107}{60}$

$\dfrac{4}{7} + \dfrac{4}{3} = \dfrac{4 \times 3}{7 \times 3} + \dfrac{4 \times 7}{3 \times 7} = \dfrac{12 + 28}{21} = \dfrac{40}{21}$

$\dfrac{2}{9} + \dfrac{13}{5} = \dfrac{2 \times 5}{9 \times 5} + \dfrac{13 \times 9}{5 \times 9} = \dfrac{10 + 117}{45} = \dfrac{127}{45}$

❹ $\dfrac{14}{15} + \dfrac{16}{24} = \dfrac{14}{3 \times 5} + \dfrac{8 \times 2}{8 \times 3} = \dfrac{14}{3 \times 5} + \dfrac{2 \times 5}{3 \times 5} = \dfrac{14 \times 10}{15} = \dfrac{24}{15}$

$= \dfrac{8 \times 3}{5 \times 3} = \dfrac{8}{5}$

$\dfrac{5}{12} - \dfrac{15}{45} = \dfrac{5}{12} - \dfrac{15 \times 1}{15 \times 3} = \dfrac{5}{12} - \dfrac{1 \times 4}{3 \times 4} = \dfrac{5 - 4}{12} = \dfrac{1}{12}$

$\dfrac{16}{40} + \dfrac{28}{24} = \dfrac{8 \times 2}{8 \times 5} + \dfrac{7 \times 4}{6 \times 4} = \dfrac{2}{5} + \dfrac{7}{6} = \dfrac{2 \times 6}{5 \times 6} + \dfrac{7 \times 5}{6 \times 5} = \dfrac{12 + 35}{30} = \dfrac{47}{30}$

$\dfrac{63}{35} - \dfrac{45}{60} = \dfrac{7 \times 9}{7 \times 5} - \dfrac{15 \times 3}{15 \times 4} = \dfrac{9}{5} - \dfrac{3}{4} = \dfrac{9 \times 4}{5 \times 4} - \dfrac{3 \times 5}{4 \times 5} = \dfrac{36 - 15}{20} = \dfrac{21}{20}$

❺ 1. $\dfrac{1}{4} = \dfrac{2}{8}$. Donc la deuxième personne reçoit les $\dfrac{2}{8}$ de la somme.

La troisième personne reçoit : $\dfrac{8}{8} - \left(\dfrac{2}{8} + \dfrac{3}{8}\right) = \dfrac{8}{8} - \dfrac{5}{8} = \dfrac{3}{8}$ de la somme.

2. La première personne reçoit :
$1\,800 \times \dfrac{3}{8} = \dfrac{1\,800 \times 3}{8} = \dfrac{5\,400}{8} = 675$ €.

❻ Le prix du photocopieur en fraction vaut 1.
La fraction du photocopieur payé par le collège est $\dfrac{3}{4} = 0{,}75$.

Il reste donc à payer $1 - \dfrac{3}{4} = \dfrac{4}{4} - \dfrac{3}{4} = \dfrac{1}{4} = 0{,}25$.

Les parents d'élèves paient le cinquième de ce qui reste :
$\dfrac{1}{4} \cdot \dfrac{1}{5} = \dfrac{5}{20} \cdot \dfrac{4}{20} = \dfrac{1}{20} = 0{,}05$.

Le foyer avait prévu de donner 15 % = $\dfrac{15}{100} = 0{,}15$.

Le total en fraction des sommes données est :
$\dfrac{3}{4} + \dfrac{1}{20} + \dfrac{15}{100} = \dfrac{75}{100} + \dfrac{5}{100} + \dfrac{15}{100} = 0{,}95$.

Or 0,95 est inférieur à 1 donc cela ne suffira pas pour faire cet achat.

13. Fractions : multiplication, page 16

❶ $\dfrac{3}{8} \times \dfrac{17}{23} = \dfrac{3 \times 17}{8 \times 23} = \dfrac{51}{184}$;

$\dfrac{65}{12} \times \dfrac{28}{15} = \dfrac{65 \times 28}{12 \times 15} = \dfrac{5 \times 13 \times 4 \times 7}{4 \times 3 \times 5 \times 3} = \dfrac{13 \times 7}{3 \times 3} = \dfrac{91}{9}$;

$\dfrac{128}{25} \times \dfrac{75}{16} = \dfrac{128 \times 75}{25 \times 16} = \dfrac{8 \times 16 \times 25 \times 3}{25 \times 16} = \dfrac{8 \times 3}{1} = \dfrac{24}{1} = 24$;

$\dfrac{3}{14} \times \dfrac{35}{12} = \dfrac{3 \times 35}{14 \times 12} = \dfrac{3 \times 7 \times 5}{2 \times 7 \times 3 \times 4} = \dfrac{5}{2 \times 4} = \dfrac{5}{8}$;

$\dfrac{4}{9} \times \dfrac{25}{11} = \dfrac{4 \times 25}{9 \times 11} = \dfrac{100}{99}$;

$\dfrac{70}{3} \times \dfrac{7}{20} = \dfrac{70 \times 7}{3 \times 20} = \dfrac{10 \times 7 \times 7}{3 \times 2 \times 10} = \dfrac{7 \times 7}{3 \times 2} = \dfrac{49}{6}$.

❷ $42 \times \dfrac{18}{7} = \dfrac{42}{7} \times 18 = 6 \times 18 = 108$;

$35 \times \dfrac{7}{3} = \dfrac{245}{3}$; $\dfrac{4}{5} \times 134 = \dfrac{4 \times 134}{5} = \dfrac{536}{5} = 107{,}2$;

$\dfrac{15}{40} \times 30 = \dfrac{15 \times 30}{40} = \dfrac{15 \times 3 \times 10}{4 \times 10} = \dfrac{15 \times 3}{4} = \dfrac{45}{4} = 11{,}25$;

$2{,}4 \times \dfrac{4}{3} = \dfrac{24}{10} \times \dfrac{4}{3} = \dfrac{24 \times 2 \times 2}{2 \times 5 \times 3} = \dfrac{24 \times 2}{5 \times 3} = \dfrac{48}{15} = \dfrac{3 \times 16}{3 \times 5} = \dfrac{16}{5}$

$= 3{,}2$;

$\dfrac{5}{14} \times 0{,}28 = \dfrac{5}{14} \times \dfrac{28}{100} = \dfrac{5 \times 28}{14 \times 100} = \dfrac{5 \times 2 \times 14}{14 \times 5 \times 2 \times 10} = \dfrac{1}{10} = 0{,}1$.

❸ $\dfrac{2}{7} \times 98 = \dfrac{2 \times 98}{7} = \dfrac{2 \times 14 \times 7}{7} = 2 \times 14 = 28$

$1\,232 \times \dfrac{3}{4} = \dfrac{1\,232}{4} \times 3 = 308 \times 3 = 924$

$\dfrac{2}{3} \times \dfrac{5}{4} = \dfrac{2 \times 5}{3 \times 4} = \dfrac{2 \times 5}{3 \times 2 \times 2} = \dfrac{5}{3 \times 2} = \dfrac{5}{6}$

$\dfrac{15}{25} \times 12{,}5 = \dfrac{12{,}5}{25} \times 15 = \dfrac{1 \times 15}{2} = 7{,}5$

❹ La balle touche le sol une première fois, elle remonte à :
$\dfrac{4}{5} \times 9 = \dfrac{4 \times 9}{5} = \dfrac{36}{5} = 7{,}2$ m.

La balle touche le sol une deuxième fois, elle remonte à :
$\dfrac{4}{5} \times 7{,}2 = \dfrac{4 \times 7{,}2}{5} = \dfrac{28{,}8}{5} = 5{,}76$ m.

La balle touche le sol une troisième fois, elle remonte à :
$\dfrac{4}{5} \times 5{,}76 = \dfrac{4 \times 5{,}76}{5} = \dfrac{23{,}04}{5} = 4{,}608$ m.

❺ Le premier a $\dfrac{1}{4} \times 500 = \dfrac{500}{4} = 125$ timbres.

Le deuxième a $125 + 25 = 150$ timbres.

Corrigés détachables

Il reste alors 500 − (125 + 150) = 500 − 275 = 225 timbres.

Le troisième reçoit : $\frac{2}{5} \times 225 = 2 \times \frac{225}{5} = 2 \times 45 = 90$ timbres.

Le quatrième a : $\frac{2}{3} \times 90 = 2 \times \frac{90}{3} = 2 \times 30 = 60$ timbres.

Le cinquième enfant reçoit :
500 − (125 + 150 + 90 + 60) = 500 − 425 = 75 timbres.

14. Fractions : expressions numériques avec ou sans parenthèses, page 17

❶ $\frac{12}{15} = \frac{3 \times 4}{3 \times 5} = \frac{4}{5}$ $\frac{25}{30} = \frac{5 \times 5}{5 \times 6} = \frac{5}{6}$ $\frac{16}{24} = \frac{8 \times 2}{8 \times 3} = \frac{2}{3}$

$\frac{12}{15} + \frac{25}{30} \times \frac{16}{24} = \frac{4}{5} + \frac{5}{6} \times \frac{2}{3} = \frac{4}{5} + \frac{5 \times 2}{2 \times 3 \times 3} = \frac{4}{5} + \frac{5}{9}$

$\qquad = \frac{36}{45} + \frac{25}{45} = \frac{61}{45}$

$\frac{12}{15} \times \left(\frac{25}{30} + \frac{16}{24}\right) = \frac{4}{5} \times \left(\frac{5}{6} + \frac{2}{3}\right) = \frac{4}{5} \times \left(\frac{5+4}{6}\right) = \frac{4}{5} \times \frac{9}{6}$

$\qquad = \frac{2 \times 2 \times 3 \times 3}{5 \times 2 \times 3} = \frac{6}{5}$

❷ $a = \frac{28}{24} = \frac{4 \times 7}{4 \times 6} = \frac{7}{6}$ $b = \frac{20}{15} = \frac{5 \times 4}{5 \times 3} = \frac{4}{3}$ $c = \frac{16}{40} = \frac{8 \times 2}{8 \times 5} = \frac{2}{5}$

$I = \frac{2}{5} + \frac{4}{3} \times \frac{7}{6} = \frac{2}{5} + \frac{2 \times 2 \times 7}{3 \times 2 \times 3} = \frac{2}{5} + \frac{14}{9} = \frac{18}{45} + \frac{70}{45} = \frac{88}{45}$

$J = \left(\frac{4}{3} + \frac{7}{6}\right) \times \frac{2}{5} \times \left(\frac{8}{6} + \frac{7}{6}\right) \times \frac{2}{5} = \frac{8+7}{6} \times \frac{2}{5} = \frac{15}{6} \times \frac{2}{5}$

$\qquad = \frac{3 \times 5 \times 2}{2 \times 3 \times 5} = 1$

❸ $A = \frac{11}{4} + \frac{2 \times 7 \times 5}{7 \times 2 \times 2 \times 5}$ $B = \left(\frac{7 \times 3}{5 \times 3} - \frac{4}{15}\right) \times \frac{3}{2}$

$A = \frac{11}{4} + \frac{2}{4}$ $B = \frac{17}{15} \times \frac{3}{2}$

$A = \frac{13}{4}$ $B = \frac{17}{10}$

❹ $D = \frac{9 \times 7 \times 7}{7 \times 7 \times 2} - \frac{13}{6}$ $E = \frac{6}{5} \times \left(\frac{7}{12} + \frac{4 \times 4}{3 \times 4}\right)$

$D = \frac{9 \times 3}{2 \times 3} - \frac{13}{6} = \frac{27 - 13}{6}$ $E = \frac{6}{5} \times \frac{23}{12}$

$D = \frac{14}{6} = \frac{7}{3}$ $E = \frac{6 \times 23}{5 \times 6 \times 2}$ $E = \frac{23}{10}$

❺ La fraction des cerises qu'il reste à Barbara est :

$x = 1 - \left(\frac{5}{14} + \frac{2}{7}\right) = 1 - \left(\frac{5 + 2 \times 2}{14}\right) = 1 - \frac{9}{14} = \frac{14}{14} - \frac{9}{14} = \frac{5}{14}$.

Le nombre de cerises mangées par Barbara est $70 \times \frac{5}{14} = \frac{70 \times 5}{14} = 25$.

Le nombre de cerises mangées par Clément est égal à 25 cerises.
Le nombre de cerises mangées par Stéphanie est :
70 − (25 + 25) = 70 − 50 = 20 cerises.

❻ La fraction d'argent qui reste à Léa est :

$1 - \left(\frac{1}{4} + \frac{1}{3} \times 1 - \frac{1}{4}\right) = 1 - \left(\frac{1+1}{4}\right) = 1 - \frac{1}{2} = \frac{1}{2}$. Léa a raison.

❼ $1 - \left(\frac{1}{24} + \frac{1}{3}\right) = \frac{24}{24} - \left(\frac{1}{24} + \frac{1}{3}\right) = \frac{24}{24} - \left(\frac{1}{24} + \frac{1 \times 8}{3 \times 8}\right)$

$\qquad = \frac{24}{24} - \frac{9}{24} = \frac{15}{24} = \frac{15 : 3}{24 : 3} = \frac{5}{8}$.

La distance en vélo : $12 \times \frac{5}{8} = \frac{12 \times 5}{8} = 7,5$ km.

La distance en course à pied : $12 \times \frac{1}{3} = \frac{12 \times 1}{3} = 4$ km.

La distance à la nage : $12 \times \frac{1}{24} = \frac{12}{24} = 0,5$ km.

❽ La distance qu'il reste à parcourir en fraction est égale à :

$1 - \frac{1}{4} - \frac{4}{5} \times \left(1 - \frac{1}{4}\right) = 1 - \frac{1}{4} - \frac{4}{5} \times \frac{3}{4} = \frac{20}{20} - \frac{5}{20} - \frac{12}{20} = \frac{3}{20}$

La distance qu'il reste à parcourir en kilomètres est $24 \times \frac{3}{20} = 3,6$ km.

❾ 1. $\frac{4}{5} + \left(\frac{2}{3} \times \frac{1}{8}\right) = \frac{4}{5} + \frac{2}{24} = \frac{24 \times 4}{24 \times 5} + \frac{9 \times 2}{24 \times 5} = \frac{96}{120} + \frac{10}{120} = \frac{106}{120}$

2. $\frac{5}{9} - \left(\frac{3}{4} \times \frac{2}{7}\right) = \frac{5}{9} - \frac{6}{28} = \frac{28 \times 5}{28 \times 9} - \frac{6 \times 9}{28 \times 9} = \frac{140}{252} - \frac{54}{252} = \frac{86}{252}$.

15. Nombres relatifs : introduction, page 18

❶ Mathieu descend au 3ᵉ sous-sol ou **(− 3)**. Archimède est né en 287 avant Jésus Christ ou **(− 287)**. Charlemagne est né en 742 ou **(+ 742)** ou **742**. Euclide est né en 325 avant JC ou **(− 325)**.

❷ 1. Les nombres relatifs négatifs : (− 3,9) ; (− 6,5) ; (− 4) ; (− 6,7).
2.

Nombre relatif	(− 3,9)	(− 6,5)	(+ 4)	(+ 5,6)	(− 4)	(+2,5)	(− 6,7)
Son opposé	(+ 3,9)	(+ 6,5)	(− 4)	(− 5,6)	(+ 4)	(− 2,5)	(+ 6,7)

❸ La rivière de Padirac coule à 103 m au dessous du niveau de la mer. Certaines fosses de la Mer Rouge sont situées à 2 835 m au dessous du niveau de la mer. Le Fuji-Yama culmine à 3 800 m.

❹ Les nombres entiers relatifs positifs de cette liste sont (+ 4) et (0).
L'opposé de (− 5) est (+ 5) ou 5.

16. Nombres relatifs : comparaison, page 19

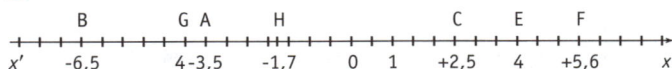

❶ 1.

```
      B          G A    H            C    E   F
x'   -6,5      4 -3,5  -1,7   0   1   +2,5  4  +5,6   x
```

2. Le plus grand nombre est (+ 5,6) Le plus petit est (− 6,5).
3. Le nombre qui a la plus petite distance à zéro est 1,7.
Les points qui sont symétriques par rapport au point O sont E et G.
Leurs abscisses respectives sont des nombres relatifs opposés.

❷ (+17) > (+ 12)   (− 2,3) > (− 4)   (+ 6) > (− 5,5)
(− 5) < (− 1)   (+13) < (+ 21)   (− 1,99) = (− 1,99)
(+12) > (+ 4,2)   (− 0,5) < 0

❸ (− 90) < (− 32,24) < (− 9) < (− 8,2) < (− 0,5) < 0 < (+ 5,2) < (+ 14,2) < (+ 22,02) < (+ 22,2) < (+ 30) < (+ 41,5).

❹ Le plus grand nombre est (+ 4,77) et le plus petit est (− 4,077).

17. Nombres relatifs : addition, page 20

❶ A = (− 8,3) + (− 6,27) = − (8,3 + 6,27) = (− 14,57)
B = (− 5,4) + (+ 17) = + (17 − 5,4) = (+ 11,6)
C = (− 9) + (+ 1,2) = − (9 − 1,2) = (− 7,8)
D = (+ 45) + (+ 3,5) = (+ 45 + 3,5) = (+ 48,5)
E = (− 2,04) + (− 48,6) = − (2,04 + 48,6) = (− 50,64)
F = (− 13,4) + (+ 2,4) = − (13,4 − 2,4) = (− 11)
G = (− 208) + (+ 1,2) = − (208 − 1,2) = (− 206,8)
H = (+ 354) + (+ 508) = + (354 + 508) = (+ 862)

❷ (− 657) + (+ 357) = − (657 − 357) = (− 300) ;
(+ 12 430) + (+ 470) = + (12 430 + 470) = (+ 12 900) ;
(− 520) + (− 180) = − (520 + 180) = (− 700) ;
(− 13,457) + (+ 13,457) = 0 ;
(− 0,02) + (+ 2,52) = + (2,52 − 0,02) = (+ 2,5) ;
(+ 4,003) + (− 4,003) = 0.

❸ J = (− 11) + (+ 5) = (− 6)   K = (− 63) + (+ 23) = (− 40)
L = (− 45) + (− 13) = (− 58)

Corrigés détachables

❹ Soit B le bilan. B = (+ 50) + (− 24) + (− 12) + (+ 8) + (+ 5) + (− 18)
B = (+ 26) + (− 12) + (+ 8) + (+ 5) + (− 18)
B = (+ 14) + (+ 8) + (+ 5) + (− 18)
B = (+ 22) + (+ 5) + (− 18)
B = (+ 27) + (− 18)
B = (+ 9). Au cours des six derniers mois, Jules a gagné 9 €.
❺ Au cours du trajet, le bilan final des montées et des descentes est :
(− 4) + (+ 12) + (− 7) + (− 10) + (− 16) =
[(− 4) + (− 7) + (− 10) + (− 16)] + (+ 12) = (− 37) + (+ 12) = (− 25)
Entre le départ du car et son arrivée, le car contient 25 enfants de moins. À la fin, il y a 5 enfants dans le car. Donc au début, il y avait 30 enfants dans le car.

18. Nombres relatifs : soustraction, page 21

❶ A = (− 6) + (+ 21) = (+ 15)   D = (− 33) + (+ 25) = (− 8)
B = (+ 22) + (− 73) = (− 51)   E = (+ 2,5) + (+ 4,5) = (+ 7)
C = (− 48) + (− 27) = (− 75)   F = (− 101) + (+ 86) = (− 15)

❷ G = (− 54) + (+ 17) + (− 12) = (− 37) + (− 12) = (− 49)
H = (− 14) + (+ 28) + (− 334) = (+ 14) + (− 334) = (− 320)
I = (+ 200) + (+ 80) + (+ 45) = (+ 325)
J = (− 210) + (− 140) + (− 470) = (− 820)
K = (+ 0,005) + (− 2,004) + (+ 3,007) = (− 1,999) + (+ 3,007) = (+ 1,008)
L = (− 7,2) + (− 4,8) + (+ 12,5) = (− 12) + (+ 12,5) = (+ 0,5)

❸ M = (− 7) − (− 23) = (− 7) + (+ 23) = (+ 16)
N = (+ 43) − [(− 69) + (− 44)] = (+ 43) − (− 113) = (+ 43) + (+ 113)
N = (+ 156)
O = (− 142) − [(+ 18) + (− 43) + (− 61)] = (− 142) − (− 86)
O = (− 142) + (+ 86) = (− 56)
P = (− 25) − [(+ 77) + (+ 58) + (− 4,5)] = (− 25) + [(+ 135) + (− 4,5)]
P = (− 25) + (+ 130,5) = (+ 105,5)

❹ S = (− 14) − [(− 6) + (− 22)] + (− 6) = (− 14) − (− 28) + (− 6)
S = (+ 14) + (− 6) = (+ 8)
T = (− 14) + (+ 6) − (+ 16) = (− 14) + (+ 6) + (− 16) = (− 8) + (− 16)
T = (− 24)
U = (− 14) − [(− 6) + (− 22) + (− 6)] = (− 14) − (− 34)
U = (− 14) + (+ 34) = (+ 20)
V = [(− 14) + (+ 6) + (− 22)] + (− 6) = [(− 8) + (− 22)] + (− 6)
V = (− 30) + (− 6) = (− 36)
W = (− 14) + (+ 6) − (− 22) − (+ 6) = (− 14) + (− 22) + (− 6)
W = (− 36) + 0 = (− 36)
X = [(− 14) + (+ 6)] − (+ 16) = (− 8) + (− 16) = (− 24)

19. Nombres relatifs : somme algébrique, page 22

❶ A = 3,2 − 11 + 8,6 − 9,4
B = − 2,4 − 2,8 + 6,7 − 12,3
C = 110 + 80 + 55 − 120
D = − 1 024 − 32 − 16 + 64
E = − 0,002 + 2,04 + 1,006

❷ F = (− 21) + (+ 45) + (− 10) + (− 47)
G = (+ 187) + (− 452) + (+ 127) + (+ 328)
H = (+ 1 032) + (+ 276) + (− 147) + (− 529)
I = (− 16) + (− 24) + (− 40) + (+ 72)

❸ J = − 13 − 34 − 118 + 29 + 91   K = 28 + 72 + 71 − 45 − 34
J = − 165 + 120   K = 171 − 79
J = − 45   K = 92
L = − 150 − 402 − 312 + 275
L = − 864 + 275
L = − 589

❹ M = 7,4 + 1,2 − 9,1 − 3,3 − 3,5
M = 8,6 − 15,9
M = − 7,3
N = − 2,5 − 4,5 − 3,6 + 2,6 + 4,2
N = − 10,6 + 6,8
N = − 3,8

P = 1,4 + 9,9 − 2,5 − 4,2 − 1,2
P = 11,3 − 7,9
P = 3,4
En ordre décroissant : 3,4 > − 3,8 > − 7,3 donc P > N > M

❺ R = (− 42 + 12) + (17 − 29) − (− 8)
R = (− 30) + (− 12) + (+ 8)
R = − 30 − 12 + 8
R = − 42 + 8   R = − 34
S = (− 18 + 9) − (− 15 + 12) + 6
S = (− 9) − (− 3) + 6
S = (− 9) + (+ 3) + 6
S = − 9 + 3 + 6   S = 0

❻ T = 17,9 − 7,9 − 5,2 + 15,2   U = − 1 997 + 1 997 + 745 − 734
T = 10 + 10   T = 20   U = 0 + 11   U = 11
V = − 0,38 + 1,38 + 1 001,47 + 2,53 + 3,45
V = 1 + 1 004 + 3,45   V = 1 008,45

20. Repère dans le plan, page 23

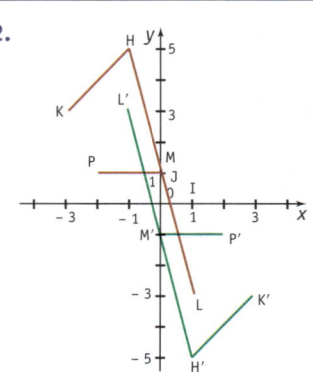

❶ 1. 2.

H et H′, P et P′, K et K′, L et L′, M et M′ sont symétriques par rapport à O.

❷ 1. E ; 2. S ; 3. O ; 4. G ; 5. N ; 6. A ; 7. L.
Le mot est losange.

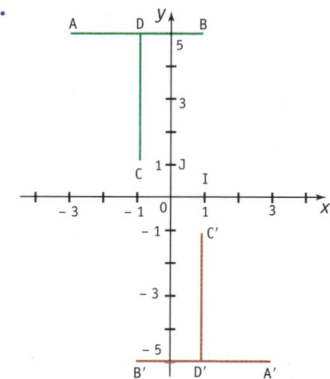

❸ 1. 2.

Les coordonnées des points A′, B′, C′ et D′ sont respectivement : (3 ; − 5) ; (− 1 ; − 5) ; (1 ; − 1) et (+ 1 ; − 5).

21. Tester une égalité, page 24

❶ L'aire grisée est l'aire d'un rectangle de dimensions 15 − a et 8 − a. L'aire est donc (15 − a) × (8 − a).
Quand a = 3, (15 − 3) × (8 − 3) = 12 × 5 = 60. L'aire grisée est 60 unités d'aire.
Quand a = 7, (15 − 7) × (8 − 7) = 8 × 1 = 8. L'aire grisée est 8 unités d'aire.

❷ Développement :
4(x + 5) − 6 + 12(2x − 1) = 4x + 20 − 6 + 24x − 12 = 28x + 2.
Pour x = 0 : 4(x + 5) − 6 + 12(2x − 1) = 4(0 + 5) − 6 + 12(2 × 0 − 1) = 20 − 6 − 12 = 2.
28x + 2 = 28 × 7 + 2 = 196 + 2 = 198.
Pour x = 10 : 4(x + 5) − 6 + 12(2x − 1) = 4(10 + 5) − 6 + 12(2 × 10 − 1) = 60 − 6 + 228 = 282.
28x + 2 = 28 × 10 + 2 = 280 + 2 = 282.

Corrigés détachables

❸

7u – 5 = 2b + 6	7u – 5	2b + 6	Égalité vérifiée
1er cas : u = 3 ; b = 2	7 × 3 – 5 = 21 – 5 = 16	2 × 2 + 6 = 4 + 6 = 10	Non
2e cas : u = $\frac{16}{7}$; b = $\frac{5}{2}$	7 × $\frac{16}{7}$ – 5 = 16 – 5 = 11	2 × $\frac{5}{2}$ + 6 = 5 + 6 = 11	Oui
3e cas : u = 2 ; b = 1,5	7 × 2 – 5 = 14 – 5 = 9	2 × 1,5 + 6 = 3 + 6 = 9	Oui
4e cas : u = 1 ; b = 0	7 × 1 – 5 = 7 – 5 = 2	2 × 0 + 6 = 0 + 6 = 6	Non

❹ 1. Pour 65 SMS : 65 × 0,15 = 9,75. Avec le forfait A, en janvier Arthur paie 9,75 €. 3,50 + 65 × 0,07 = 3,50 + 4,55 = 8,05. Avec le forfait B, en janvier Arthur paie 8,05 €.
2. Forfait A : 0,15 × x = 0,15x. Pour l'envoi de x SMS dans un mois, avec le forfait A, Arthur paie 0,15x €.
Forfait B : 3,50 + 0,07 × x = 3,50 + 0,07x. Pour l'envoi de x SMS dans un mois, avec le forfait B, Arthur paie 3,50 + 0,07x €.
3. Forfait A : 35 × 0,15 = 5,25 €.
Forfait B : 3,50 + 35 × 0,07 = 3,50 + 2,45 = 5,95 €.
Si Arthur a payé 5,95 € pour 35 SMS, il a choisi le forfait B.

22. Unités de temps, page 25

❶ $3,2\ h = (3 + 0,2)h = \left(3 + \frac{2}{10}\right)h = 3\ h + \frac{2}{10}\ h$
$= 3\ h + \frac{2}{10} \times 60\ min = 3\ h + 12\ min = 3\ h\ 12\ min.$

$5,6\ h = (5 + 0,6)h = \left(5 + \frac{6}{10}\right)h = 5\ h + \frac{6}{10}\ h = 5\ h + \frac{6}{10} \times 60\ min$
$= 5\ h + 36\ min = 5\ h\ 36\ min.$

$7,75\ h = (7 + 0,75)h = \left(7 + \frac{3}{4}\right)h = 7\ h + \frac{3}{4}\ h = 7\ h + \frac{3}{4} \times 60\ min$
$= 7\ h + 45\ min = 7\ h\ 45\ min.$

❷ $1\ 800\ km/h = \frac{1\ 800}{60}\ km/min = 30\ km/min\ ;$

$4,5\ m/min = \frac{4,5 \times 100}{60}\ cm/s = 7,5\ cm/s\ ;$

$54\ km/h = \frac{54}{60}\ km/min = 0,9\ km/min = \frac{0,9 \times 1\ 000}{60}\ m/s = 15\ m/s\ ;$

$36\ km/h = \frac{36 \times 1\ 000}{3\ 600}\ m/s = 10\ m/s\ ;$

$540\ km/h = \frac{540 \times 1\ 000}{3\ 600} = 150\ m/s\ ;$

$80\ m/s = \frac{80 \times 3\ 600}{1\ 000}\ km/h = 288\ km/h\ ;$

$5,8\ m/min = \frac{5,8 \times 60}{1\ 000}\ km/h = 0,348\ km/h.$

❸ $\frac{3}{5}\ h = \frac{3}{5} \times 60\ min = 36\ min\ ;$

$\frac{7}{12}\ h = \frac{7}{12} \times 60\ min = 35\ min\ ;$

$\frac{13}{10}\ h = \frac{13}{10} \times 3\ 600\ s = 4\ 680\ s.$

❹

Horaire	En h	En h ; min et s
3 h 10 min	$3\ h + \frac{10}{60}\ h = 3\ h + \frac{1}{6}\ h = \frac{19}{6}\ h$	3 h 10 min = 60 × 3 + 10 = 180 + 10 = 190 min 3 h 10 min = 3 600 × 3 + 60 × 10 = 10 800 s
240 min	$\frac{240}{60}\ h = 4\ h$	$\frac{240}{60}\ h = 4\ h$ ou 60 × 240 = 14 400 s
4,5 h	$4,5 = 4 + 0,5 = 4 + \frac{1}{2} = \frac{9}{2}\ h$	4,5 h = 4 h + 0,5 h = 4 h 30 min 60 × 4,5 = 270 min 3600 × 4,5 = 16 200 s
9 000 s	$\frac{9\ 000\ s}{3\ 600\ s} = 2,5\ h$ et $\frac{9000}{60} = 150\ min$	$\frac{9000}{60} = 150\ min = 120\ min + 30\ min = 2\ h\ 30\ min$

23. Proportionnalité : 4e proportionnelle, page 26

❶ $\frac{6}{4} = 1,5\ ;\ \frac{21}{14} = 1,5\ ;\ \frac{12}{8} = 1,5\ ;\ \frac{15}{10} = 1,5.$
Les quatre quotients sont égaux, donc le tableau est un tableau de proportionnalité et son coefficient est 1,5.

❷ 1 an, c'est le double de 6 mois. Le double de 15 est 30 et 30 n'est pas égal à 28. Pour une durée double, le prix de l'abonnement n'est pas le double. Donc le prix n'est pas proportionnel à la durée de l'abonnement.

❸ 2 personnes, c'est le tiers de 6 personnes, donc il faut utiliser $\frac{180}{3} = 60$ g de sucre.

10 personnes, c'est 5 fois 2 personnes, donc il faut utiliser 5 × 60 = 300 g de sucre.

$\frac{450}{180} = 2,5$; 450 = 2,5 × 180, donc avec 450 g de sucre on prépare un dessert pour 2,5 × 6 = 15 personnes.

❹ $\frac{6}{4} = 1,5$. Le tableau de proportionnalité du tableau est 1,5.

$0,4 \times 1,5 = 0,6$; $20 \times 1,5 = 30$; $\frac{18}{1,5} = 12.$

0,4	4	**12**	20
0,6	6	18	**30**

❺ Avec 0,5 l de peinture, on peint 12 m².
Avec 1 l = 0,5 l x 2 de peinture, on peint 12 x 2 = 24 m².
Donc le coefficient de proportionnalité est 24. $\frac{54}{24} = 2,25.$

Pour peindre 54 m², il faut 2,25 litres de peinture.

24. Proportionnalité : taux de pourcentage, page 27

❶ Le montant de la réduction est de : 45 – 36 = 9 €.

Prix initial en €	45	100
Montant de la réduction en €	9	a

Le coefficient pour passer de la 1re ligne à la seconde est $\frac{9}{45} = 0,2.$
Cela signifie que a = 100 × 0,2 = 20.
La réduction représente 20 % du prix initial du pull-over.

❷ Le montant de la TVA d'un article taxé à 19,6 % dont le prix est 80 € est $80 \times \frac{19,6}{100} = 80 \times 0,196 = 15,68$ €.

Le prix TTC de cet article est : 80 + 15,68 = 95,68 €.
Ou bien si un article coûte 100 € HT alors il coûte TTC :
100 + 100 × 0,196 = 100 × (1 + 0,196) = 100 × 1,196 = 119,6 €.
Si l'article coûte 80 € HT alors il coûte TTC 80 × 1,196 = 95,68 €.
Pour obtenir le prix TTC de l'article, on prend le prix HT de l'article que l'on multiplie par le nombre constant 1,960. Le montant de la TVA est bien proportionnel au prix de l'article.

❸ Le nombre de sportifs sur 100 qui courent le 1000 m en moins de 4 min 10 s est $\frac{18}{30} \times 100 = 60$ coureurs.

Le pourcentage de la sélection des sportifs est 60 %.

❹ On a 138 élèves de 5e sur 200 qui viennent à pied ou bien $\frac{138}{200}.$

On cherche le nombre d'élèves de 5e sur 100 qui viennent à pied dans la même proportion.
On a donc $\frac{138}{200} = \frac{69 \times 2}{100 \times 2}.$
Le pourcentage d'élèves de 5e qui viennent à pied est 69 %.

	Classe de 5ᵉ	Classe de 4ᵉ
Élèves venant à pied au collège	$\frac{138}{200} = \frac{69 \times 2}{100 \times 2} = \frac{69}{100}$ Pourcentage : 69 %	$\frac{117}{180} = \frac{65 \times 1,8}{100 \times 1,8} = \frac{65}{100}$ Pourcentage : 65 %
Élèves venant en vélo au collège	$\frac{40}{200} = \frac{20 \times 2}{100 \times 2} = \frac{20}{100}$ Pourcentage : 20 %	$\frac{36}{180} = \frac{20 \times 1,8}{100 \times 1,8} = \frac{20}{100}$ Pourcentage : 20 %
Élèves venant en autobus au collège	$\frac{22}{200} = \frac{11 \times 2}{100 \times 2} = \frac{11}{100}$ Pourcentage : 11 %	$\frac{27}{180} = \frac{15 \times 1,8}{100 \times 1,8} = \frac{15}{100}$ Pourcentage : 15 %

❺ Dans un club de judo, 12 sur 40 adhérents ont la ceinture marron. On peut écrire que $\frac{12}{40} = \frac{12 \times 100}{40} = \frac{1\,200}{40} = \frac{120}{4} = 30\,\%$.
Donc dans la même proportion, dans ce club 30 adhérents sur 100 ont la ceinture marron.

❻

	TVA à 19,6%	TVA à 5,5%	TVA à 2,1%
Prix HT en €	p	p	p
TVA en €	$p \times \frac{19,6}{100} = 0,196p$	$p \times \frac{5,5}{100} = 0,055\,p$	$p \times \frac{2,1}{100} = 0,021\,p$
Prix TTC en €	$p + 0,196 p = 1,196\,p$	$P + 0,055p = 1,055\,p$	$p + 0,021p = 1,021\,p$

25. Proportionnalité : échelle, page 28

❶ Sur le plan, les dimensions sont **2 000** fois plus **petites** que dans la réalité. $90 \times 2\,000 = 180\,000$; l'avenue mesure en réalité 180 000 cm ou encore 1 800 m.

❷ Sur le plan, les dimensions de la salle à manger sont **25** fois plus **petites** que les dimensions réelles. $\frac{5,5}{25} = 0,22$ m et $\frac{4,3}{25} = 0,172$ m. Sur le plan, Jules représente la salle à manger par un rectangle de 22 cm sur 17,2 cm.

❸ L'échelle est le quotient $\frac{5}{500}$ ou encore $\frac{1}{100}$.

❹

$\frac{1\,300}{5\,000} = 0,26$. Sur la carte le trajet entre le collège et le cinéma mesure 0,26 m ou 26 cm.

❺ L'échelle de cette carte (E) est le quotient $\frac{64}{1\,600\,000} = 0,00004$
$E = \frac{4}{100\,000} = \frac{1}{25\,000}$.

26. Proportionnalité : vitesse, page 29

❶ 1 h = 60 min.
La distance parcourue en une heure est 60 fois plus grande que la distance parcourue en 1 min.
$1600 \times 60 = 96\,000$. En 1 h, Estelle aurait parcouru 96 000 m ou 96 km. sa vitesse est de 96 km/h. 96 > 90, donc Estelle serait en infraction.

❷ **1.** Pour Annie :
$630 = 7 \times 90$. Annie met 7 fois plus de temps pour parcourir 630 km que pour parcourir 90 km. Annie met 7 h pour parcourir 630 km.
2. Pour Jean : À la vitesse de 120 km/h, Jean parcourt 120 km en 1h.
$\frac{630}{120} = 5,25$. Donc Jean met 5,25h ou 5h + $\frac{1}{4}$ ou 5h 15 min pour parcourir les 630 km.
3. À la vitesse de 150 km/h, le conducteur parcourt 150 km en 1 h.
$\frac{630}{150} = 4,2$ donc le conducteur met 4,2 h ou 4h + $\frac{20}{100}$ ou 4h 12 min pour parcourir les 630 km.

❸ 1 h 20 min, c'est 4 fois 20 min. Donc en roulant à la même vitesse, le motard parcourt $\frac{96}{4} = 24$ km en 20 min. 1h, c'est 3 fois 20 min, en roulant à la même vitesse, le motard parcourt $3 \times 24 = 72$ km. Il roule donc à la vitesse de 72 km/h.

❹ **1.** 20min, c'est le tiers d'une heure. Donc en 20 min à la vitesse de 33 km/h, Jean-Louis parcourt $\frac{33}{3} = 11$km.

2 h, c'est le double d'une heure. Donc en 2 h à la vitesse de 12 km/h, Jean-Louis parcourt $2 \times 12 = 24$ km.
11 + 24 = 35. Jean-Louis a parcouru 35 km.
2. En tout Jean-Louis a roulé pendant 2 h 20 min ou 140 min et a parcouru 35 km.
À la même vitesse, il aurait parcouru en 1 minute $\frac{35}{140} = 0,25$ km.
Sa vitesse est donc de 0,25 km/min.
À la même vitesse, en 1 h, il aurait parcouru $60 \times 0,25 = 15$ km. Sa vitesse est donc de 15 km/h.

❺ En 1 s, le son parcourt 340 m.
1 h, c'est 3 600 s. En 1 h, le son parcourt $3\,600 \times 340 = 1\,224\,000$ m.
1 224 000 m = 1 224 km.
La vitesse du son est donc de 1 224 km/h.

27. Gestion de données : vocabulaire, page 30

❶ **1.** quantitatif **2.** quantitatif **3.** qualitatif **4.** qualitatif **5.** quantitatif.

❷ L'effectif du caractère « horaire de biologie » est 2.
L'effectif du caractère « horaire de français » est 6.

❸ L'effectif total de la population étudiée est 180.
Le type du caractère est qualitatif.
80 est l'effectif de la réponse « à pied ».

❹ 1 + 3 + 2 + 3 + 1 + 3 + 1 + 1 + 1 + 3 + 4 + 2 = 24. Il y a 24 élèves dans la classe, c'est l'effectif total. L'effectif du mois « juillet » est 3.

28. Gestion de données : regrouper par classes, page 31

❶ 12 + 24 + 10 + 4 = 50. L'effectif total est de 50.
L'amplitude de la classe « moins de 2 € » est 2 € et celle de « de 2 € à 5 € » est 5 − 2 = 3 €.
Celle de « de 5 € à 6 € » est 6 − 5 = 1 € et celle de « de 6 € à 8 € » est 8 − 6 = 2 €.
L'effectif de la classe « de 5 € à 6 € » est de 10.
Cela veut dire que 10 enfants parmi les enfants interrogés reçoivent entre 5 € et 6 € d'argent de poche par semaine.

❷ Le nombre de classes de ce regroupement est 4
L'amplitude de la classe « 1,5 < t < 2,5 » est 2,5 − 1,5 = 1 h.
4 + 12 = 16. Seize enfants regardent la télévision moins d'une heure chaque jour.

❸
1.

Note	0	1	2	3	4	5	6	7	8	9	10	11	12	13	14	15	16	17	18	19	20
Effectif	0	0	0	2	0	1	3	3	2	1	2	1	3	3	4	3	2	0	2	0	0

La note la plus attribuée est 14.
2.

Notes n	00 < n < 04	04 < n < 08	08 < n < 12	12 < n < 16	16 < n < 20
Effectifs	2	7	6	13	4

29. Gestion de données : fréquence, page 32

❶

Temps t en heure	0 < t < 0,5	0,5 < t < 1	1 < t < 1,5	1,5 < t < 2,5
Fréquence en fraction	$\frac{4}{25}$	$\frac{12}{25}$	$\frac{8}{25}$	$\frac{1}{25}$
Fréquence en %	**16**	**48**	**32**	**4**

La somme des fréquences en fraction : $\frac{4}{25} + \frac{12}{25} + \frac{8}{25} + \frac{1}{25} = \frac{25}{25} = 1$

La somme des fréquences en pourcentage : 16 + 48 + 32 + 4 = 100.

2

Notes n	$00 < n < 04$	$04 < n < 08$	$08 < n < 12$	$12 < n < 16$	$16 < n < 20$
Effectifs	2	7	6	13	4
Fréquence	$\frac{2}{32} = \frac{1}{16}$	$\frac{7}{32}$	$\frac{6}{32} = \frac{3}{16}$	$\frac{13}{32}$	$\frac{4}{32} = \frac{1}{8}$

3 $\frac{24}{50} = \frac{48}{100}$. Donc 48 % des élèves interrogés reçoivent de 2 € à 5 € d'argent de poche.

$\frac{24}{50}$ des élèves interrogés reçoivent de 2 € à 5 € d'argent de poche.

$\frac{4}{50} = \frac{8}{100}$. $\frac{8}{100}$ des élèves interrogés reçoivent de 6 € à 8 € d'argent de poche par semaine.

4

5ᵉ A	Mer	Montagne	Campagne	Pas parti
Effectif	10	8	5	2
Fréquence	$\frac{10}{25} = \frac{2}{5}$	$\frac{8}{25}$	$\frac{5}{25} = \frac{1}{5}$	$\frac{2}{25}$

5ᵉ B	Mer	Montagne	Campagne	Pas parti
Effectif	15	10	7	3
Fréquence	$\frac{15}{35} = \frac{3}{7}$	$\frac{10}{35} = \frac{2}{7}$	$\frac{7}{35} = \frac{1}{5}$	$\frac{3}{35}$

$\frac{8}{25} = \frac{32}{100}$. En 5ᵉ A, 32 % des élèves sont partis à la montagne.

$\frac{2}{7} \times 100$. En 5ᵉ B, $\frac{10}{32} = \frac{31,25}{100}$ 31,25 % des élèves sont partis à la montagne.

32 > 31,25, donc c'est en 5ᵉ A que la proportion d'élèves partis à la montagne est plus importante. On peut pourtant remarquer que le nombre d'élèves partis à la montagne en 5ᵉ A est inférieur au nombre d'élèves partis à la montagne en 5ᵉ B.

30. Gestion de données : diagrammes, page 33

1 Les 5 pays les plus visités par des touristes étrangers

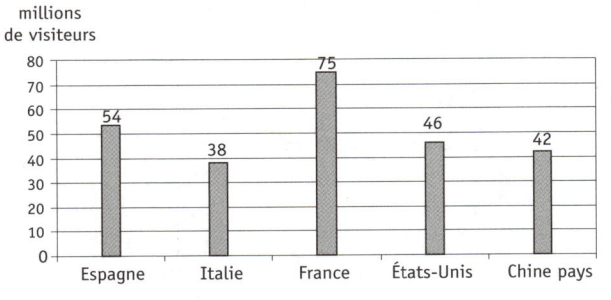

(millions de visiteurs : Espagne 54, Italie 38, France 75, États-Unis 46, Chine 42)

2 Répartition des notes au contrôle de mathématiques

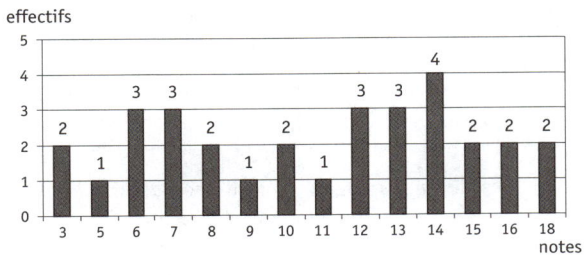

(effectifs : 3→2, 5→1, 6→3, 7→3, 8→2, 9→1, 10→2, 11→1, 12→3, 13→3, 14→4, 15→2, 16→2, 18→2)

Regroupement en classes d'amplitude 4 :

Notes n	$00 \leq n \leq 04$	$04 \leq n \leq 08$	$08 \leq n \leq 12$	$12 \leq n \leq 16$	$16 \leq n \leq 20$
Effectifs	2	7	6	13	4

Répartition des notes au contrôle de mathématiques

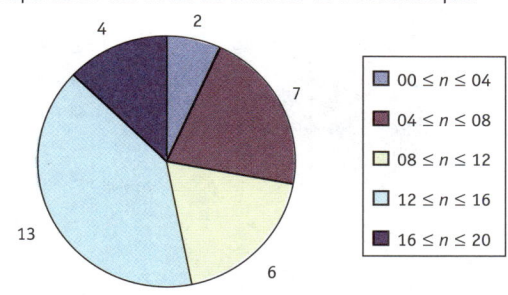

(diagramme circulaire avec valeurs : 2, 7, 6, 13, 4)
- $00 \leq n \leq 04$
- $04 \leq n \leq 08$
- $08 \leq n \leq 12$
- $12 \leq n \leq 16$
- $16 \leq n \leq 20$

3 Pluviométrie annuelle dans plusieurs villes de l'île de la Réunion

précipitation en mm

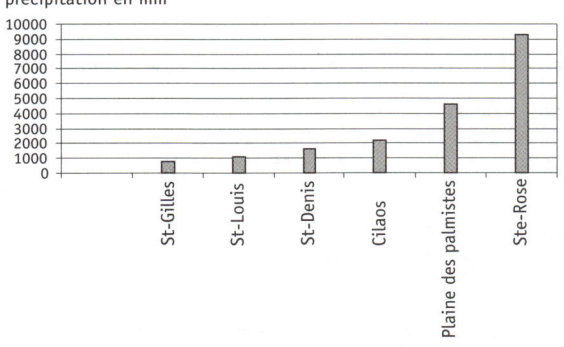

(St-Gilles, St-Louis, St-Denis, Cilaos, Plaine des palmistes, Ste-Rose)

31. Gestion de données : diagrammes circulaires, page 34

1

Temps t en heure	$0 \leq t \leq 0,5$	$0,5 \leq t \leq 1$	$1 \leq t \leq 1,5$	$1,5 \leq t \leq 2,5$
Fréquence en %	16	48	32	4
Angle en °	57,6	172,8	115,2	14,4

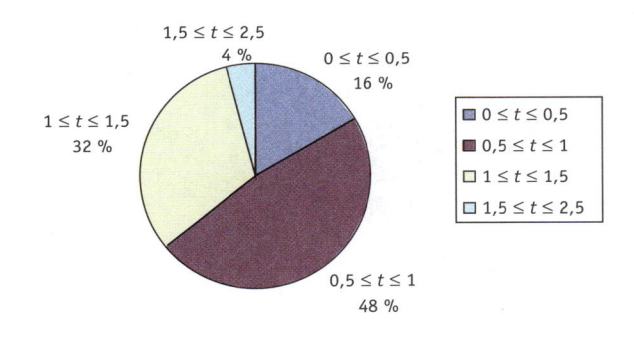

(Diagramme circulaire :
- $0 \leq t \leq 0,5$: 16 %
- $0,5 \leq t \leq 1$: 48 %
- $1 \leq t \leq 1,5$: 32 %
- $1,5 \leq t \leq 2,5$: 4 %)

2

Sport pratiqué	Football	Tennis	Handball	Athlétisme	Judo	Basket
Nombre de réponses	75	50	20	30	25	25
Fréquence en fraction	$\frac{75}{225} = \frac{1}{3}$	$\frac{50}{225} = \frac{2}{9}$	$\frac{20}{225} = \frac{4}{45}$	$\frac{30}{225} = \frac{2}{15}$	$\frac{25}{225} = \frac{1}{9}$	$\frac{25}{225} = \frac{1}{9}$
Angles en °	120	80	32	48	40	40

3 Sport pratiqué : 225 personnes interrogées

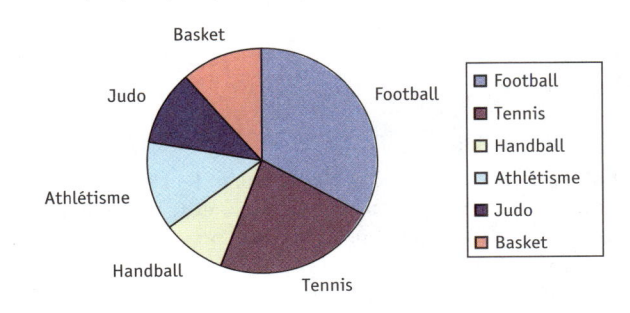

(Diagramme circulaire : Football, Tennis, Handball, Athlétisme, Judo, Basket)

25 % de 160, c'est $\frac{25}{100} \times 160 = 40$. Dans le club, 40 adhérents ont une ceinture bleue.
10 % de 160, c'est $\frac{10}{100} \times 160 = 16$. Dans le club, 16 adhérents ont une ceinture noire. Donc 16 adhérents aussi ont une ceinture verte.
15 % de 160, c'est $\frac{15}{100} \times 160 = 24$. Dans le club, 24 adhérents ont une ceinture jaune.
$160 - (40 + 2 \times 16 + 24) = 64$. Il y a autant de ceintures marron que de ceintures orange et 64 adhérents ont une ceinture marron ou orange.
$\frac{64}{2} = 32$. Dans le club, 32 adhérents ont une ceinture marron et 32 ont une ceinture orange.

GÉOMÉTRIE

32. Angles : construction, page 35

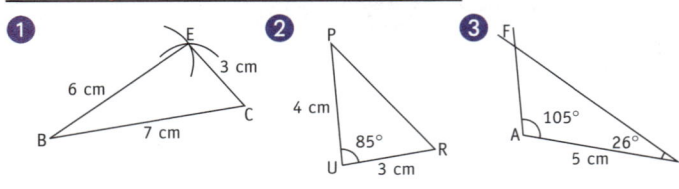

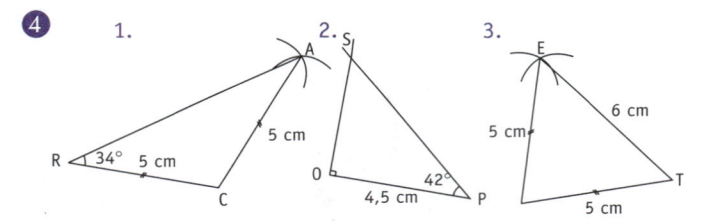

33. Angles : vocabulaire, page 36

❶ 1. $\widehat{t'Mx}$ et $\widehat{yMt}$, $\widehat{t'My}$ et $\widehat{xMt}$, $\widehat{x'Nt}$ et $\widehat{tNy'}$, $\widehat{x'Nt}$ et $\widehat{t'Ny'}$ sont des angles opposés par le sommet.
2. $\widehat{x'Nt}$ et $\widehat{tNy'}$ sont des angles supplémentaires à l'angle $\widehat{x'Nt}$.
3. $\widehat{tNt'}$ et $\widehat{tNy'}$ ne sont pas des angles adjacents car ils n'ont pas en commun un côté. Leur partie commune est l'angle $\widehat{tNy'}$.

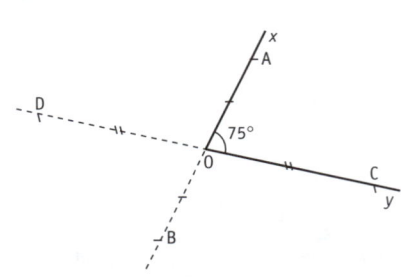

❷ 1. 2.

3. O est le milieu de [AB], donc les points A, O et B sont alignés.
O est le milieu de [CD], donc les points C, O et D sont alignés.
– Les droites (AB) et (CD) sont sécantes donc elles déterminent des angles opposés par le sommet.
– Les angles $\widehat{AOC}$ et $\widehat{BOD}$ sont opposés par le sommet, donc $\widehat{AOC} = \widehat{BOD}$.

❸ 1.
2. $\widehat{xOy}$ et $\widehat{yOz}$ sont adjacents donc $\widehat{xOz} = \widehat{xOy} + \widehat{yOz}$, $\widehat{xOz} = 35 + 55$, $\widehat{xOz} = 90°$.
La somme des mesures des angles $\widehat{xOy}$ et $\widehat{yOz}$ est égale à 90°, cela signifie que les angles $\widehat{xOy}$ et $\widehat{yOz}$ sont complémentaires.

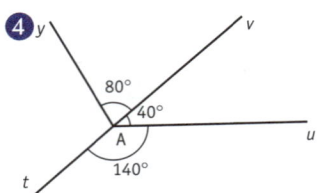

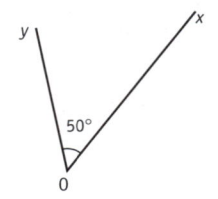

❹
$\widehat{vAy} = 2 \times \widehat{uAv} = 2 \times 40 = 80°$.
$\widehat{uAt}$ et $\widehat{uAv}$ sont supplémentaires cela signifie que $\widehat{uAt} + \widehat{uAv} = 180°$.
$\widehat{uAt} = 180 - \widehat{uAv} = 180 - 40 = 140°$.
$\widehat{xOy}$ et $\widehat{uAv}$ sont complémentaires cela signifie que $\widehat{xOy} + \widehat{uAv} = 90°$.
$\widehat{xOy} = 90 - \widehat{uAv} = 90 - 40 = 50°$.

34. Angles : nouveaux types d'angles, page 37

❶ Deux angles alternes-internes sont $\widehat{xFn}$ et $\widehat{mEt}$ ou bien $\widehat{yFn}$ et $\widehat{zEm}$.
Deux angles correspondants sont $\widehat{mFy}$ et $\widehat{mEt}$ ou bien $\widehat{yFn}$ et $\widehat{tEn}$ ou bien $\widehat{xFm}$ et $\widehat{zEm}$ ou bien $\widehat{xFn}$ et $\widehat{zEn}$.
L'angle correspondant à l'angle $\widehat{xFE}$ est $\widehat{zEn}$.
L'angle alterne-externe à l'angle $\widehat{nEt}$ est $\widehat{xFm}$.
Les angles $\widehat{mFx}$ et $\widehat{zEm}$ sont correspondants.

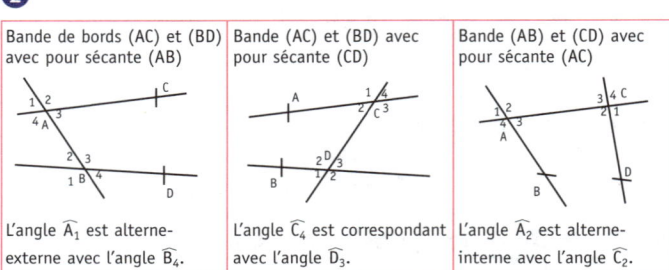

❷

Bande de bords (AC) et (BD) avec pour sécante (AB)	Bande (AC) et (BD) avec pour sécante (CD)	Bande (AB) et (CD) avec pour sécante (AC)
L'angle $\widehat{A_1}$ est alterne-externe avec l'angle $\widehat{B_4}$.	L'angle $\widehat{C_4}$ est correspondant avec l'angle $\widehat{D_3}$.	L'angle $\widehat{A_2}$ est alterne-interne avec l'angle $\widehat{C_2}$.

35. Symétrie centrale : centre de symétrie (définition et construction), page 38

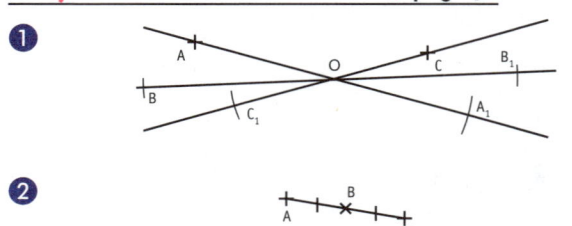

❶

❷

❸

Point	A	H	F	O
Symétrique de ce point par rapport à O	E	D	B	O
Symétrique de ce point par rapport à (FB)	C	D	F	O

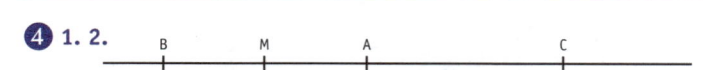

❹ 1. 2.

3. Le point A est le symétrique du point B par rapport à M cela signifie que le point M est le milieu du segment [AB].
Le point M est le milieu du segment [AB] donc les longueurs MA et MB sont égales ou bien MA = MB.
Le point C est le symétrique du point B par rapport à A cela signifie que le point A est le milieu du segment [CB].
Le point A est le milieu du segment [CB] donc les longueurs AC et AB sont égales ou bien AC = AB.

36. Symétrie centrale : symétrique d'une figure, page 39

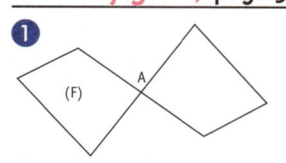

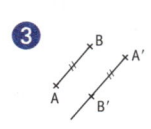

❶

❷

❸ Le symétrique du segment [AB] par rapport à O est le segment [A'B']. On sait que AB = A'B' et que (AB)//(A'B'). Donc B' appartient à la droite parallèle à la droite (AB) passant par A'. B appartient à la demi-droite [AB) donc B' appartient à la demi-droite parallèle à [AB), passant par A' et de sens contraire à [AB).

37. Symétrie centrale et angles : propriété directe, page 40

❶ (d) et (d') sont des droites strictement parallèles coupées par la sécante (xy). Elles déterminent des angles alternes-externes et des angles alternes-internes de même mesure.
$\widehat{G_1}$ et $\widehat{M_2}$ sont des angles alternes-externes, donc $\widehat{M_2} = \widehat{G_1}$, or $\widehat{G_1} = 57°$, donc $\widehat{M_2} = 57°$.
$\widehat{G_1}$ et $\widehat{G_3}$ sont des angles opposés par le sommet, donc $\widehat{G_3} = \widehat{G_1}$, $\widehat{G_1} = 57°$ donc $\widehat{G_3} = 57°$.
$\widehat{G_3}$ et $\widehat{M_4}$ sont des angles alternes-internes, donc $\widehat{M_4} = \widehat{G_3}$, $\widehat{G_3} = 57°$ donc $\widehat{M_4} = 57°$.

❷ Les droites (AC) et (xy) strictement parallèles, coupées par la sécante (BC), déterminent des angles alternes-internes de même mesure.
$\widehat{ACB}$ et $\widehat{CBx}$ sont alternes-internes, donc $\widehat{CBx} = \widehat{ACB}$, $\widehat{ACB} = 35°$ donc $\widehat{CBx} = 35°$.
B appartient à la droite (xy) donc $\widehat{xBy} = 180°$.
Les angles $\widehat{xBC}$, $\widehat{CBA}$ et $\widehat{ABy}$ sont adjacents deux à deux, donc $\widehat{xBC} + \widehat{CBA} + \widehat{ABy} = \widehat{xBy}$.
On a : $35 + 65 + \widehat{ABy} = 180$. Cela signifie que $\widehat{ABy} = 180 - 100$.
Donc $\widehat{ABy} = 80°$.

❸ 1. $\widehat{ABD} = \widehat{ABC} - \widehat{DBC} = 130 - 75 = 55$. L'angle $\widehat{ABD}$ mesure 55°.
2. ABCD est un trapèze de bases [AB] et [DC], donc les droites (AB) et (DC) sont parallèles. Elles déterminent des angles alternes-internes de même mesure. Pour les droites (AB) et (DC) strictement parallèles, coupées par la droite (BD), les angles $\widehat{ABD}$ et $\widehat{BDC}$ sont des angles alternes-internes, donc $\widehat{ABD} = \widehat{BDC}$. Or $\widehat{ABD} = 55°$, donc $\widehat{BDC} = 55°$.

38. Symétrie centrale et angles : propriétés réciproques, page 41

❶ Le point B appartient à la droite (km), donc les angles $\widehat{sBm}$ et $\widehat{sBk}$ sont supplémentaires.
$\widehat{sBm}$ et $\widehat{sBk}$ sont supplémentaires cela signifie que $\widehat{sBm} + \widehat{sBk} = 180$.
Donc $\widehat{sBk} = 180 - \widehat{sBm} = 180 - 116 = 64$.
On a $\widehat{sBk} = 64°$ et $\widehat{vAm} = 64°$ donc $\widehat{sBk} = \widehat{vAm}$.
La droite (km) est sécante aux droites (uv) et (st). Les angles $\widehat{sBk}$ et $\widehat{vAm}$ sont deux angles alternes-internes de même mesure. Donc (uv) et (st) sont parallèles.

❷ On calcule la mesure de l'angle $\widehat{mFt}$.
Le point F est l'intersection de (zt) et de (mn) donc l'angle $\widehat{nFm}$ est un angle plat formé par la somme des angles $\widehat{nFt}$ et $\widehat{tFm}$. Autrement dit : $\widehat{nFm} = 180°$ et $\widehat{nFt} + \widehat{tFm} = \widehat{nFm}$ avec $\widehat{mFt} = 135°$.
On a donc $\widehat{nFt} = 180 - 135 = 45°$.
<u>On sait</u> que si deux droites coupées par une sécante déterminent deux angles correspondants de même mesure <u>ou bien</u> deux angles alternes-internes de même mesure <u>ou bien</u> deux angles alternes externes de même mesure alors ces deux droites sont parallèles.
Ici les angles $\widehat{nFt}$ et $\widehat{mEy}$ formés par les droites (xy) et (zt) et la sécante (mn) occupent la place d'angles correspondants de même mesure.
<u>On conclut que</u> les droites (xy) et (zt) sont parallèles.

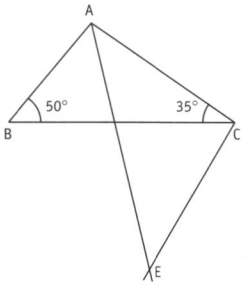

❸ 1. 2.

3. Le triangle ACE est isocèle en C, donc les angles $\widehat{CEA}$ et $\widehat{CAE}$ sont de même mesure.
$\widehat{CEA} = \widehat{EAC}$ [Ax) est la bissectrice de l'angle $\widehat{BAC}$, donc $\widehat{BAx} = \widehat{xAC}$. E est sur la demi-droite [Ax), donc $\widehat{xAC} = \widehat{EAC}$ et $\widehat{BAx} = \widehat{BAE}$. On a donc $\widehat{BAE} = \widehat{EAC}$.
Or $\widehat{EAC} = \widehat{CEA}$, donc $\widehat{BAE} = \widehat{CEA}$.
4. Pour les droites (AB) et (CE) coupées par la droite (BC), les angles $\widehat{BAE}$ et $\widehat{CEA}$ sont des angles alternes-internes, on a expliqué qu'ils avaient la même mesure. On en déduit que les droites (AB) et (CE) sont des droites parallèles.

39. Parallélogrammes : définition et propriété des diagonales, page 42

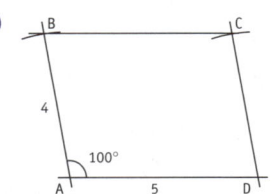

❶

La propriété utilisée est « Un parallélogramme est un quadrilatère qui a ses côtés opposés parallèles deux à deux. »

❷

On construit avec le compas le triangle EFH. Pour terminer la première construction du parallélogramme EFGH on utilise la propriété « un parallélogramme est un quadrilatère qui a ses côtés opposés parallèles deux à deux. » Pour terminer la deuxième construction du parallélogramme EFGH on utilise la propriété « les diagonales d'un parallélogramme se coupent en leur milieu. »

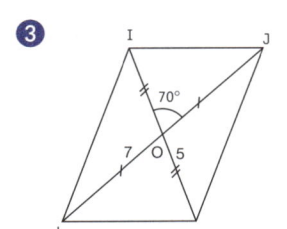

❸

$OI = \dfrac{IK}{2} = \dfrac{5}{2} = 2,5$ et $OK = \dfrac{IK}{2} = \dfrac{5}{2} = 2,5$

$OL = \dfrac{LJ}{2} = \dfrac{7}{2} = 3,5$ et $OJ = \dfrac{LJ}{2} = \dfrac{7}{2} = 3,5$

La propriété utilisé est « les diagonales d'un parallélogramme se coupent en leur milieu. »

❹ 1. 2.

Le nom de la figure ABEC est un parallélogramme. La propriété utilisée est « les diagonales d'un parallélogramme se coupent en leur milieu. »

3. Le quadrilatère ABEC est un parallélogramme.

5 1.

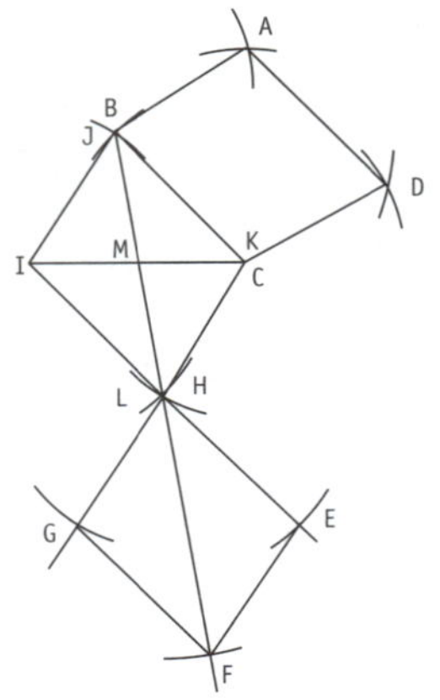

2. La droite (JK) par rapport au segment [IA] est la médiatrice.
3. Le point L par rapport au segment [BF] est son milieu

40. Parallélogrammes : propriétés, page 43

1 1.

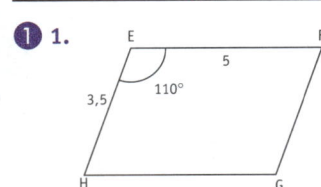

2. On sait que dans un parallélogramme deux angles consécutifs sont supplémentaires. Dans le parallélogramme EFGH, $\widehat{HEF}$ et $\widehat{EFG}$ sont consécutifs donc ils sont supplémentaires. Cela signifie que $\widehat{EFG} + \widehat{HEF} = 180°$, $\widehat{EFG} = 180 - \widehat{HEF}$.
Donc $\widehat{EFG} = 180 - 110 = 70°$.
On sait que dans un parallélogramme, les angles opposés sont de même mesure. Dans le parallélogramme EFGH, les angles $\widehat{HEF}$ et $\widehat{FGH}$ sont opposés donc ils sont de même mesure : $\widehat{HEF} = \widehat{FGH}$ et $\widehat{HEF} = 110°$.
Donc $\widehat{FGH} = 110°$.
3. EFGH est un parallélogramme donc ses côtés opposés sont de même longueur EF = HG et EH = FG.
Le périmètre du quadrilatère est $(5 + 3{,}5) \times 2 = 8{,}5 \times 2 = 17$.

2 1.

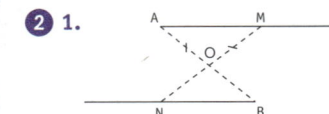

2. Dans le quadrilatère AMNB, le côté opposé à [AM] est [NB] ; le côté opposé à [MN] est [BA].
3. Dans la symétrie centrale de centre O, les symétriques respectifs des points A et M sont B et N. Le symétrique du segment [AM] est le segment [BN]. On sait que dans une symétrie centrale, le symétrique d'un segment est un segment de même longueur, donc AM = BN.
B et N sont les symétriques de A et M par rapport à O, ce qui signifie que O est le milieu des segments [AB] et [MN]. Donc MN = 2 × MO et AB = 2 × AO, or AO = MO donc MN = AB. On a montré que les côtés opposés du quadrilatère AMNB sont de même longueur.
4. Le quadrilatère AMNB a ses côtés opposés de même longueur et pourtant ce n'est pas un parallélogramme.

3 1. 2.

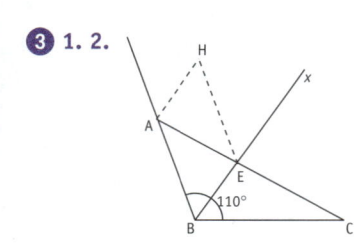

3. [Bx) est la bissectrice de l'angle $\widehat{ABC}$.
Cela signifie que $\widehat{ABx} = \dfrac{\widehat{ABC}}{2}$,
$\widehat{ABx} = \dfrac{110}{2} = 55°$. E appartient à [Bx) donc $\widehat{ABE} = 55°$.
4. Dans le parallélogramme ABEH, l'angle $\widehat{BEH}$ est consécutif à l'angle $\widehat{ABE}$, donc les angles $\widehat{ABE}$ et $\widehat{BEH}$ sont supplémentaires. Cela signifie que $\widehat{BEH} + \widehat{ABE} = 180°$.
On sait que $\widehat{ABE} = 55°$, donc $\widehat{BEH} = 180 - \widehat{ABE} = 180 - 55 = 125°$.
Dans le parallélogramme ABEH, les angles $\widehat{ABE}$ et $\widehat{EHA}$ sont opposés, donc les angles $\widehat{ABE}$ et $\widehat{EHA}$ sont de même mesure. $\widehat{EHA} = \widehat{ABE}$. On sait que $\widehat{ABE} = 55°$, donc $\widehat{EHA} = 55°$.
De même pour les angles $\widehat{HAB}$ et $\widehat{BEH}$. On trouve $\widehat{HAB} = 125°$.

41. Parallélogrammes : démonstration, page 44

1 1. 2.

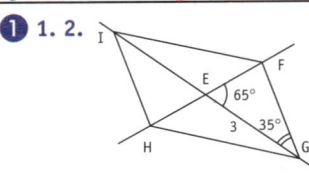

3. H est le symétrique de F par rapport à E, cela signifie que E est le milieu du segment [HF].
I est le symétrique de G par rapport à E, cela signifie que E est le milieu du segment [IG].
Les diagonales [HF] et [GI] du losange IHGF se coupent en leur milieu.
Cela signifie que le quadrilatère IHGF est un parallélogramme.

2 1. 2. 3.

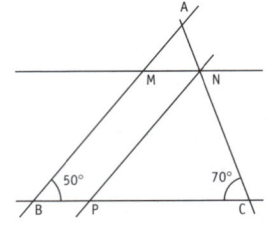

4. La droite parallèle à la droite (AB) passant par le point N qui coupe le segment [BC] en P est la droite (NP).
On a (AB)//(PN). Or le point M appartient à la droite (AB) donc (BM) est parallèle à (PN).
Le quadrilatère BMNP a ses côtés opposés parallèles deux à deux. Cela signifie que le quadrilatère BMNP est un parallélogramme.

3 1.

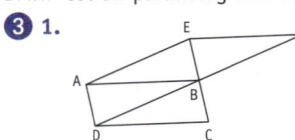

2. Dans la symétrie de centre B le point C a pour image le point E, le point D a pour image le point F.
On sait que dans une symétrie centrale l'image d'une droite est une droite parallèle et l'image d'un segment est un segment parallèle et de même longueur.
Donc l'image de la droite (CD) est la droite (EF) parallèle à (CD) et l'image du segment [CD] est le segment [EF] parallèle et de même longueur que [CD]. On a donc (EF)//(CD) et EF = CD.
ABCD est un parallélogramme, cela signifie que les côtés opposés sont parallèles deux à deux. Donc (AB)//(DC) et (AD)//(BC).
De plus, les côtés opposés d'un parallélogramme sont de même longueur donc AB = CD et AD = BC.
3. On a (CD)//(AB) et (CD)//(EF) donc (AB)//(EF).
On a CD = EF et CD = AB donc EF = AB.
Le quadrilatère non croisé ABFE a deux côtés opposés parallèles et de même longueur donc ABFE est un parallélogramme.

4 G est le symétrique de F par rapport à I. Cela signifie que I est le milieu du segment [GF]. On sait que I est le milieu du segment [RU].
Les diagonales [GF] et [RU] du quadrilatère FUGR se coupent en leur milieu. Cela signifie que le quadrilatère FUGR est un parallélogramme.

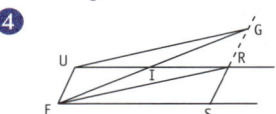

42. Triangle : somme des angles, page 45

1 Dans un triangle la somme des angles est égale à 180°.
Donc $\widehat{BAC} + \widehat{ABC} + \widehat{ACB} = 180°$.
Donc $\widehat{ACB} = 180° - (\widehat{BAC} + \widehat{ABC})$.
$180° - (65 + 40) = 180 - 105 = 75°$.
La mesure de l'angle $\widehat{ACB}$ est 75°.

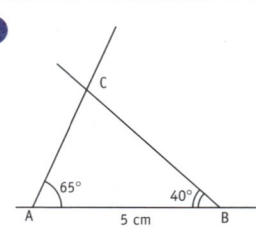

2 $\widehat{EFG} = 40°$, donc $\widehat{EGF} = 40°$.
$\widehat{FEG} = 180 - (\widehat{EFG} + \widehat{EGF}) = 180 - (40 + 40) = 180 - 80 = 100°$.

3

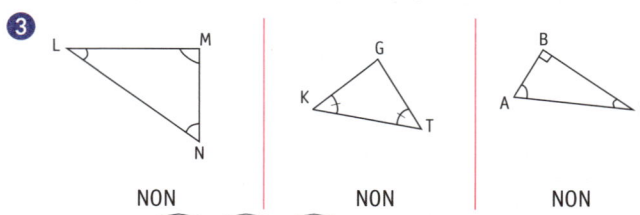

| NON | NON | NON |

Triangle LMN : $\widehat{LMN} + \widehat{MNL} + \widehat{MLN} = 73 + 68 + 43 = 184°$. $184 \neq 180$.
Triangle GKT : D'après le codage, l'angle $\widehat{GTK}$ et l'angle $\widehat{GKT}$ ont la même mesure. $\widehat{TGK} + \widehat{GTK} + \widehat{GKT} = 70 + 54 + 54 = 178°$. $178 \neq 180$

Corrigés détachables

Triangle ABC : D'après le codage, l'angle $\widehat{ABC}$ est un angle droit donc sa mesure est de 90°.
$\widehat{ABC} + \widehat{ACB} + \widehat{BAC} = 90 + 44 + 51 = 185°$. $185 \neq 180$.

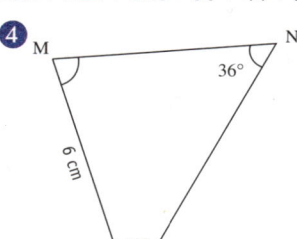

4
Dans un triangle, la somme des angles est égale à 180°.
Donc $\widehat{OMN} = 180 - (\widehat{MNO} + \widehat{MON})$
$\widehat{OMN} = 180 - (36 + 48) = 180 - 84$.
$\widehat{OMN} = 76°$.

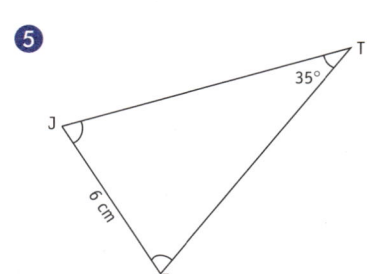

5
Le triangle JET est isocèle en T, donc les angles $\widehat{JET}$ et $\widehat{EJT}$ ont la même mesure.
La somme des angles d'un triangle est égale à 180°.
Donc $\widehat{JET} = \widehat{EJT} = \dfrac{(180 - \widehat{JET})}{2}$
$\widehat{JET} = \dfrac{(180 - 35)}{2} = 72,5°$.

6 Triangle RAS : $\widehat{SAR} = 180 - (\widehat{RSA} + \widehat{ARS}) = 180 - (39 + 51)$
$\widehat{SAR} = 180 - 90 = 90°$. Le triangle RAS est un **triangle rectangle en A**.
Triangle BUT :
$\widehat{BTU} = 180 - (\widehat{TUB} + \widehat{TBU}) = 180 - (86 + 47) = 180 - 133 = 47°$
Les angles $\widehat{BTU}$ et $\widehat{TBU}$ sont de même mesure, donc **le triangle BUT est isocèle en B**.

43. Triangle : inégalité triangulaire, page 46

1 Pour ELY : 9,2 > 5,4 + 3,4   Pour TAZ : 8,7 = 5,6 + 3,1
Il faut cocher :
– il est impossible de placer les 3 points E, L, Y ;
– les points T, A, Z sont alignés.
2 Oui, car 8,5 < 6 + 3.
3 GE < GL + LE   GL < GE + LE   LE < GL + GE
4 1. Le point T appartient au segment [ZQ].
ZQ = ZT + TQ = 3,8 + 5,4 = 9,2. La longueur ZQ est égale à 9,2 cm.
2. Le point E appartient au segment [JS].
EJ = JS − ES = 9,8 − 4,6 = 5,2. La longueur EJ est égale à 5,2 cm.
3. Le point R appartient au segment [HW].
HW = HR + RW = 5,7 + 3,9 = 9,6. La longueur HW est égale à 9,6 cm.
5 5,2 + 1,1 = 6,3 et 6,8 > 6,3 donc on ne peut pas construire le triangle GEF.
D'après le codage, DC = OC. 4,3 + 4,3 = 8,6 et 8,8 > 8,6 donc on ne peut pas construire le triangle COD.
6 PO + TP = 5 + 3 = 8.
D'après l'inégalité triangulaire OT < PO + TP, donc OT < 8.
En tenant compte de cette condition, le côté [OT] a une longueur strictement inférieure à 8 cm. Sa longueur doit être un nombre entier de cm.
Pour OT = 1 cm, 3 + 1 = 4 et 5 > 4, donc le triangle POT ne peut pas être construit.
Pour OT = 2 cm, 3 + 2 = 5, donc les trois points P, O et T sont alignés et le point T appartient au segment [PO].
Pour OT = 3 cm, OT = 4 cm, OT = 5 cm, OT = 6 cm, OT = 7 cm, le triangle POT peut être construit.

7 Le triangle est isocèle donc deux de ses côtés ont la même longueur.
Si un côté mesure 6 cm, ce ne peut pas être la longueur des côtés de même mesure car 6 + 6 = 12 et le périmètre du triangle = 11 cm.
Si un côté mesure 6 cm, les deux côtés de même longueur mesurent (11 − 6) : 2 = 2,5 cm.

Or 2,5 + 2,5 = 5 et 6 > 5 donc un tel triangle n'existe pas.
Aucun triangle isocèle de périmètre égal à 11 cm ne peut avoir un côté de 6 cm.

44. Triangle : hauteurs et médianes, page 47

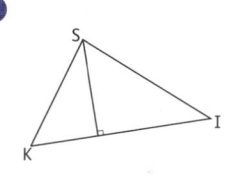

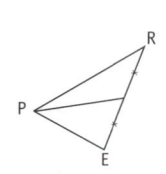

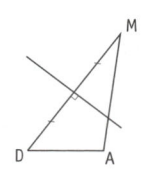

1

2 La hauteur issue de O est à l'extérieur du triangle.

3 1. Hauteur issue de P.
2. Médiatrice du côté [RP].
3. Médiane et hauteur issues de T médiatrice du côté [JE].

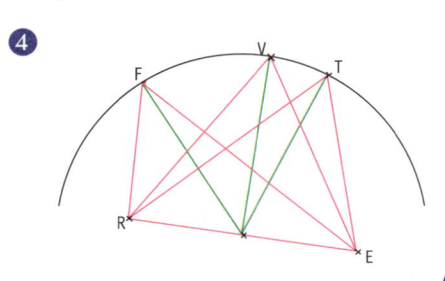

4

5 n° 1 : les trois médianes   n° 2 : les trois hauteurs

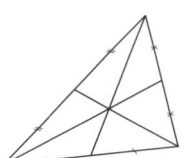

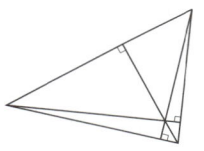

Dans les deux cas, les droites tracées sont concourantes.

45. Cercle circonscrit à un triangle, page 48

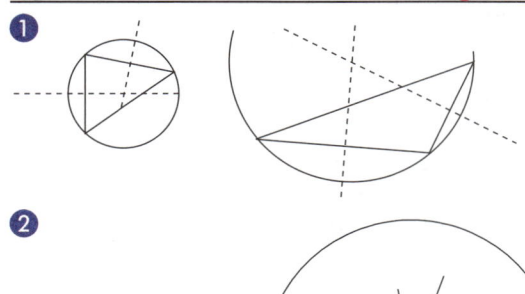

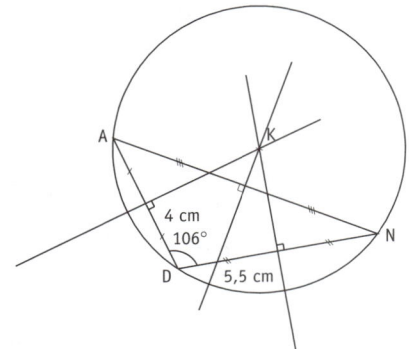

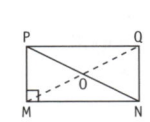

1

2

3
Dans un rectangle les diagonales se coupent en leur milieu et sont de même longueur.
Dans le rectangle MNQP, les diagonales sont [MQ] et [NP].

Donc O est le milieu de [MQ] et de [NP] et on a NP = MQ.
Donc $OM = \frac{MQ}{2}$, $ON = \frac{NP}{2}$ et $OP = \frac{NP}{2}$. Par conséquent, OM = ON = OP.
Conclusion : O est le centre du cercle circonscrit au triangle MNP.

④ Le triangle MIN est isocèle en I, cela signifie que MI = IN.
Le triangle NIP est isocèle en I, cela signifie que PI = IN.
On a MI = IN et IP = IN donc MI = IN = IP.
Le point I est équidistant des points M, N et P.
Le point I est le centre du cercle circonscrit au triangle MNP.

46. Quadrilatères : losange, page 49

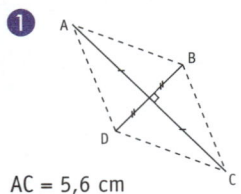

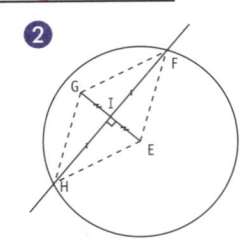

① AC = 5,6 cm
DB = 2,4 cm

②

③ 1. $EC = \frac{EG}{2} = \frac{2,4}{2} = 1,2$ cm. Le centre C du losange EFGH est le milieu de la diagonale [EG].
$\widehat{ECF} = 90°$. Les diagonales du losange EFGH sont perpendiculaires.
$HC = \frac{HF}{2} = \frac{3,8}{2} = 1,9$ cm. le centre C du losange EFGH est le milieu de la diagonale [FH].
2. $\widehat{AEM} = 52°$. Les angles opposés d'un losange sont de même mesure donc $\widehat{AEM} = \widehat{ARM}$.
$\widehat{EMR} = 180 - \widehat{ARM} = 180 - 52 = 128°$. Deux angles consécutifs d'un losange sont supplémentaires.
périmètre de AERM = 4 × AR = 4 × 3,5 = 14 cm. Le périmètre du losange est égal à 14 cm.

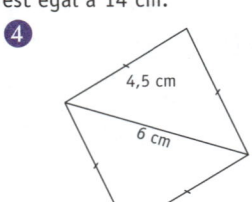

④ Le périmètre du losange est 18 cm, donc chaque côté mesure $\frac{18}{4} = 4,5$ cm.

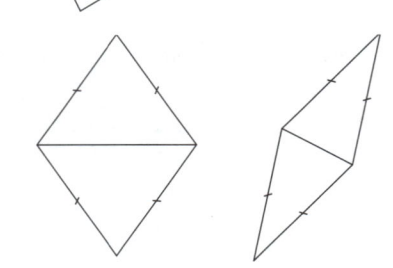

⑤

47. Quadrilatères : le rectangle, page 50

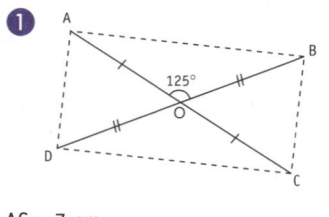

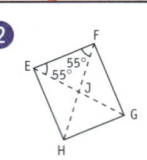

① AC = 7 cm

② Le triangle EFJ est isocèle en J, donc
$\widehat{JFE} = \widehat{JEF} = \frac{180 - 70}{2} = 55°$.
On construit le triangle EFJ d'abord puis on complète la figure à partir de la construction.

③ HKPR est un rectangle de centre I tel que RI = 3 cm et $\widehat{RKP} = 56°$.
KI = RI = 3 cm. I est le milieu de la diagonale [RK].
$\widehat{HKI} = \widehat{KHI} = 56°$. Les diagonales du rectangle ont la même longueur, donc le triangle HKI est isocèle en I et par conséquent les angles $\widehat{HKI}$ et $\widehat{KHI}$ ont la même mesure.
$\widehat{HIK} = 180 - (\widehat{HKI} + \widehat{KHI}) = 180 - (56 + 56) = 180 - 112 = 68°$. La somme des angles d'un triangle est égale à 180°.

④ Dans le rectangle PILE, [PL] est une diagonale. [IE] est la deuxième diagonale du rectangle. Les diagonales d'un rectangle ont la même longueur. Donc IE = PL = 6cm.

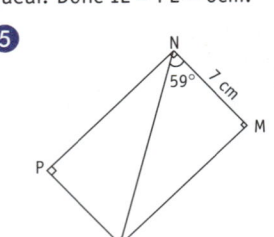

⑤ Un rectangle MNPQ tel que MN = 7 cm et $\widehat{QNP} = 31°$.
$\widehat{MNQ} = 90 - \widehat{QNP} = 90 - 31 = 59°$.

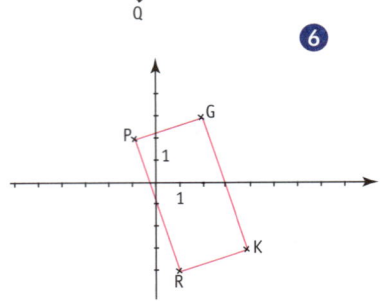

⑥ Lecture des coordonnées du point R : (1 ; -4)

48. Quadrilatères : le carré, page 51

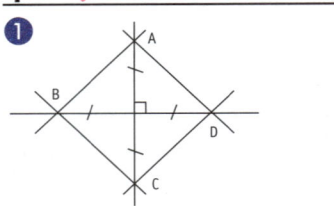

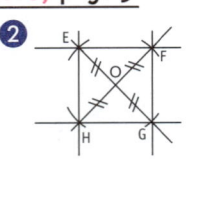

① ②

③ [AB] est un diamètre du cercle (𝒞) de centre O et de rayon 3 cm.
Donc AB = 6 cm et O est le milieu de [AB].
[CD] est un diamètre de cercle (𝒞) du centre O et de rayon 3 cm.
Donc CD = 6 cm et O est le milieu de [CD].
[AB] et [CD] sont perpendiculaires.
Les diagonales [AB] et [CD] du quadrilatère ACBD sont perpendiculaires, se coupent en leur milieu et ont la même longueur. Donc ACBD est un carré.

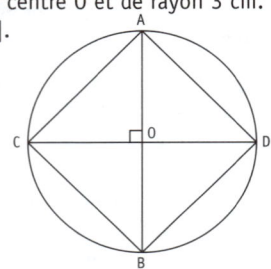

④ MIS est un triangle équilatéral.

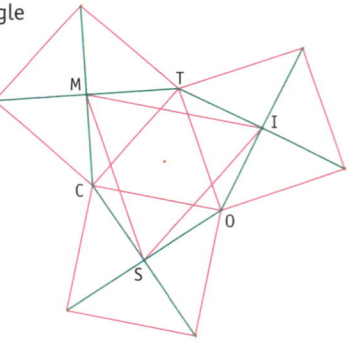

49. Quadrilatère : synthèses, page 52

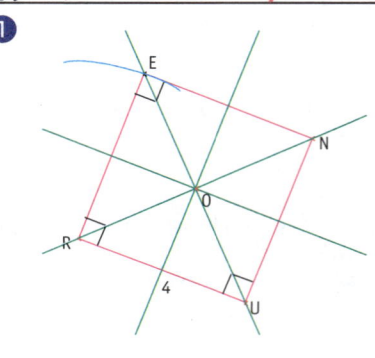

① 4 axes de symétrie, 1 centre de symétrie : le point O.

Corrigés détachables

XIV

②

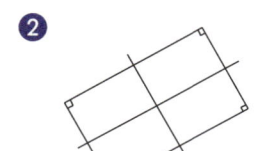

Un quadrilatère qui a quatre angles droits et qui n'est pas un carré est un rectangle.
Il a deux axes de symétrie.

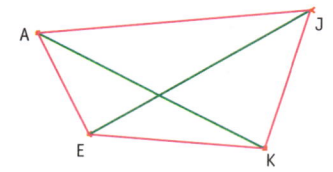

③

Un quadrilatère qui a des diagonales de même longueur et qui n'est pas un rectangle.
Les diagonales [AK] et [EJ] ont la même longueur, mais AJKE n'est pas un rectangle.

④ [ET] est un côté du carré.   [ET] est une diagonale du carré.

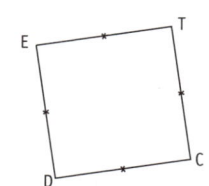

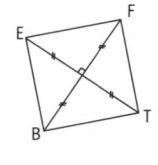

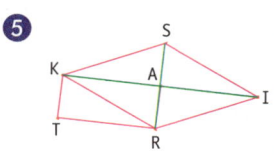

⑤

I et S sont les symétriques respectifs de K et R par rapport au point A, donc A est le milieu des segments [KI] et [SR]. Ces deux segments sont les diagonales de SKRI.
KART est un rectangle, donc les droites (KA) et (AR) sont perpendiculaires. Or S et I sont respectivement sur les droites (KA) et (AR). Par conséquent, (SR) et (KI) sont perpendiculaires.
Les diagonales [KI] et [SR] du quadrilatère SKRI ont le même milieu A et sont perpendiculaires, donc SKRI est un losange.
Si KART est un carré, alors KA = AR. En réalisant la même construction, les diagonales [KI] et [SR] ont alors le même milieu A, sont perpendiculaires et ont la même longueur, donc SKIR est un carré.

50. aire du parallélogramme, du triangle et du disque, page 53

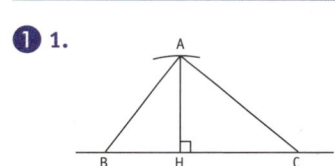

① 1.   **2.** $\text{Aire}_{ABC} = \dfrac{BC \times AH}{2} = \dfrac{5 \times 2,5}{2} = 6,25 \text{ cm}^2$

② $\text{Aire}_{ABJE} = AE \times AH = 7 \times 5 = 35 \text{ cm}^2$

③

Diamètre	60 m	0,5 m	30 × 2 = 60 m
Rayon	30 m	0,25 m	30 m
Aire exacte	30 × 30 × π = 900 πm²	(0,25)² × π = 0,0625 πm²	900 πm²
Aire arrondie au centième	2 827,43 m²	0,20 m²	2 827,43 m²

Diamètre	260 m	50 cm	55 km
Rayon	130 m	25 cm	27,5 km
Aire exacte	130² × π = 16 900 πm²	625 πcm²	27,5² × π = 756,25 πkm²
Aire arrondie au centième	53 092,92 m²	1 963,50 cm²	2 375,83 km²

④ 1. L'aire de ABCD est égale à 15 cm² cela signifie que AB × h = 15.
Cela signifie que $h = \dfrac{15}{AB} = \dfrac{15}{5} = 3$ cm.

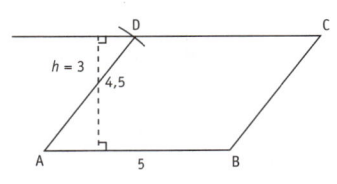

2.

périmètre$_{ABCD}$ = 2 × (AB + AD) = 2 × (5 + 4,5) = 2 × 9,5 = 19 cm

51. Calcul d'aire d'une figure, page 54

① 1. La pelouse du stade est constituée d'un rectangle de dimensions 40m sur 60m et de deux demi-disques de même rayon 20 m ; ces deux demi-disques reconstituent un disque complet de rayon 20 m.
Son aire est la somme de l'aire du triangle et de l'aire du disque.
Aire = 40 × 60 + π × 20² = 2 400 + 400 π.
La pelouse du stade est égale à 2 400 + 400 π m².
2. La valeur arrondie au millième de m² de l'aire est 3 656,637.

② Aire = 5² − 2,5² × π = 25 − 6,25π.
L'aire de la partie blanche est égale à 25 − 6,25π cm².

③ La droite (CB) passe par le sommet C et par le milieu B du côté [PF], donc la droite (CB) est la médiane issue de C dans le triangle CPF.
aire CPB = $\dfrac{PB \times 3}{2} = \dfrac{3,5 \times 3}{2} = 5,25$ cm².

aire CBF = $\dfrac{BF \times 3}{2} = \dfrac{3,5 \times 3}{2} = 5,25$ cm².

④ L'aire d'IAMSO est la somme de l'aire du rectangle de dimensions 4 sur 2,5 et de l'aire du triangle de base et 4 et de hauteur 3.
Aire = 4 × 2,5 + $\dfrac{4 \times 3}{2}$ = 10 + 6 = 16.

⑤ Dans la figure n° 1, l'aire de la partie rose est la différence entre l'aire du rectangle et la somme des aires des trois triangles blancs.
Aire n° 1 = 12,5 × 4 − (4 × 6,25/2 + 4 × 6,25/2 + 12,5 × 2/2)
= 50 − (12,5 + 12,5 + 12,5) = 50 − 37,5 = 12,5.
Dans la partie n°2, l'aire de la partie grisée est égale à la somme des aires des deux demi-disques de rayon 2 et 6.
Aire n° 2 = π × 2²/2 + π × 6²/2 = 2 × π + 18 × π = 20 π.

52. Prisme droit : présentation, page 52

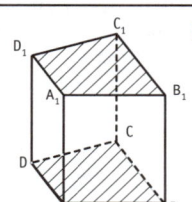

①

② Sur le schéma la face ACC'A' est un parallélogramme.
Sur le schéma l'angle $\widehat{CAB}$ est obtus.
Sur le schéma les longueurs sont aussi égales.

③ Le prisme a deux faces triangulaires de dimensions 3 cm ; 4 cm et 5 cm et trois faces rectangulaires de dimensions 3 cm sur 1,5 cm ; 4 cm sur 1,5 cm et 5 cm sur 1,5 cm. Voici chaque face en vraie grandeur.

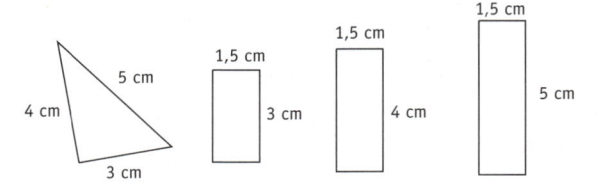

Deux faces triangulaires

④ Ce prisme possède 6 faces (deux faces qui sont des losanges de côtés 4 cm, trois rectangles de dimensions 4 cm sur 6 cm).
La longueur totale des arêtes est : 2 × (4 × 4) + 4 × 6 = 32 + 24 = 56.
La longueur totale de toutes les arêtes de ce prisme est égale à 56 cm.

53. Prisme droit : patron, aire latérale, page 56

① 1. Si x désigne la longueur du troisième côté de la base triangulaire, la longueur totale des arêtes est 2x + 2,4 × 2 + 2 × 2 + 3 × 3, c'est-à-dire 2 × x + 17,8. Cette somme est égale à 21 cm.
Donc 2 × x = 21 − 17,8 = 3,2 et $x = \dfrac{3}{2} = 1,6$.

Le troisième côté de la base de ce prisme mesure 1,6 cm.
2. Le prisme a trois faces latérales qui sont trois rectangles de dimension 2,4 sur 3 ; 2 sur 3 et 1,6 sur 3.
L'aire latérale est 2,4 × 3 + 2 × 3 + 1,6 × 3 = 7,2 + 6 + 4,8 = 18.
L'aire latérale de ce prisme est de 18 cm².

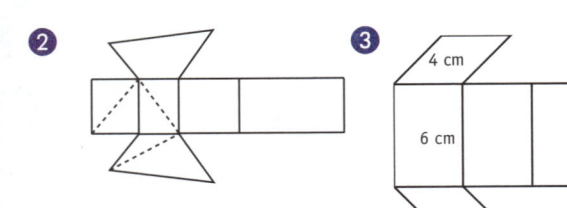

4 h désigne la hauteur en cm de ce prisme. Le prisme droit a trois faces latérales qui sont trois rectangles de dimensions 5 cm sur h.
L'aire latérale de ce prisme droit $3 \times (5 \times h)$ cm². On sait que l'aire est égale à 3 dm² = 300 cm². Donc $3 \times (5 \times h) = 300$.
$5 \times h = 300/3$ et $h = 100/5 = 20$.
La hauteur du prisme droit est de 20 cm.

54. Cylindre : présentation, page 57

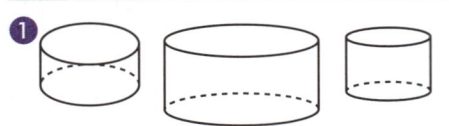

1

2 IA = 4 cm ; AB = 7,5 cm ; CD = 2×4 = 8 cm ; IC = 4 cm ; IJ = 7,5 cm.

3 [IA] est perpendiculaire à [AB]. [BJ] est perpendiculaire à [JI]. Les droites (IC) et (JB) sont contenues dans des plans parallèles. Le triangle ABJ est rectangle en B. Le triangle IAC est isocèle en I. Le quadrilatère IABJ est un rectangle.

4 La base est un disque de rayon 2,5 cm ;
le périmètre de la base est $2 \times 2,5 \times \pi = 5 \times \pi$ cm.

5 La hauteur du cylindre est de 3 cm.

55. Cylindre : patron et aire latérale, page 58

1 1. Le périmètre : $2 \times \pi \times 1,5 = (2 \times 1,5) \times \pi = 3 \times \pi$ cm.
2. Les dimensions du rectangle qui est la face latérale du cylindre sont $3 \times \pi$ cm et 3 cm.
3. L'aire latérale de ce cylindre : $3 \times \pi \times 3 = 9 \times \pi$ cm².
4. La valeur arrondie au cm² : 28 cm².

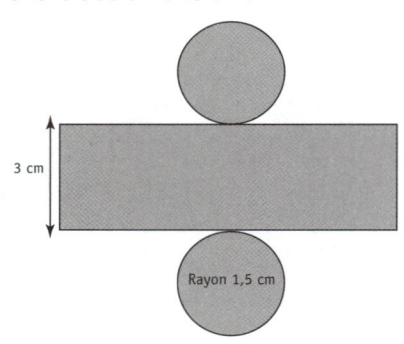

2

	Cylindre n°1	Cylindre n°2	Cylindre n°3
Rayon	1 cm	3 cm	7 cm
Aire latérale	$20 \times \pi$ cm²	$60 \times \pi$ cm²	$140 \times \pi$ cm²

$20 \times \dfrac{\pi}{1} = 20 \times \pi$; $60 \times \dfrac{\pi}{3} = 20 \times \pi$; $140 \times \dfrac{\pi}{7} = 20 \times \pi$.
Les trois quotients sont égaux donc le tableau est un tableau de proportionnalité. Cela veut dire que si des cylindres de révolution ont la même hauteur, leur aire latérale est proportionnelle au rayon de leur base.

3 1,5 dm = 15 cm.
Aire latérale = $2 \times \pi \times 4 \times 15 = 120 \times \pi$.
L'aire latérale est $120 \times \pi$ cm². La valeur arrondie au cm² est 377.

4 L'aire de l'étiquette est l'aire latérale du cylindre de révolution.
Aire = $2 \times \pi \times 5 \times 12 = 120 \times \pi$.
L'aire de l'étiquette est de $120 \times \pi$ cm².

56. Unité de volume : conversion, page 59

1 5 000 m³ = 5 000 000 dm³ = 5 000 000 000 cm³ ;
234 000 mm³ = 0,234 dm³ = 234 cm³
21,4 m³ = 21 400 dm³ = 21 400 000 cm³

2 3,5 m³ = 3 500 dm³ = 3 500 l = 350 000 cl ;
510 cm³ = 0,510 dm³ = 0,510 l = 51 cl
452 000 mm³ = 0,452 dm³ = 0,452 l = 45,2 cl ;

3 216 m³ = 216 000 dm³ ; 43 ml = 0,043 dm³ ;
45 l = 0,045 m³ ; 72,531 cm³ = 72 531 mm³ ;
36,1 hl = 3 610 000 ml ; 14 dm³ = 0,014 m³ ; 25,4 dl = 2 540 ml.

4 36 m³ 24 dm³ = 36 024 dm³ ; 2m³ 7dm³ 49cm³ = 2 007,049 dm³ ;
7 500 cm³ 85mm³ = 7,500 085 dm³.

5 Volume d'une chambre : 36 m³ ; volume d'un verre : 1,5 dl³ ; volume de l'eau contenue dans une piscine : 750 m³ ; volume du contenu d'un flacon de parfum : 75 cm³ ;
volume d'air inspiré en une inspiration par un être humain : 0,5 dal³.

6 1. On convertit ces mesures en dm³ : 3,3 m³ = 3 300 dm³ ;
350 000 cm³ = 350 dm³ ; 360 500 000 mm³ = 360,5 dm³ ; 72 l = 72 dm³ ;
743 ml = 0,743 dm³ ; 7 150 cm³ = 7,15 dm³ ; 0,737 dl = 0,0737 dm³ ;
7 004 000 mm³ = 7,004 dm³.
0,0737 < 0,743 < 3,7 < 7,004 < 7,15 < 72 < 320 < 350 < 360,5 < 795.
Donc 0,737 dl < 743 ml < 3,7 dm³ < 7 004 000 mm³ < 7 150 cm³ < 72 l < 320 dm³ < 350 000 cm³ < 360 500 000 mm³ < 795 dm³.

7 2 h = $2 \times 3 600$ s = 7 200 s et 1,8 m³ = 1 800 l ; $\dfrac{7\,200}{1\,800} = 4$ donc 1 l s'écoule en 4 s.
$4 \times 1,5 = 6$ l. 1 l s'écoule en 4 s, donc 6 l s'écouleront en $6 \times 4 = 24$ s.

8 3 m³ = 3 000 dm³. Le volume d'une brouette est : $\dfrac{3\,300}{120} = 27,5$ dm³.

57. Volume du prisme et du cylindre, page 60

1 1. Volume = $\pi \times \left(\dfrac{20}{2}\right)^2 \times 12 = \pi \times 1\,200 = 1\,200\,\pi$ cm³.
La valeur arrondie au dixième de cm³ est : 3 769,9 cm³.

2. Volume liquide = $\pi \times \left(\dfrac{20}{2}\right)^2 \times (12-4) = \pi \times 800 = 800\,\pi$ cm³

$= \dfrac{800\,\pi}{1\,000}$ l = 0,8 π l.

La valeur arrondie au centième de litre est 2,51 l.
3. oui, car 1,5 < 3,769.

2

Tente pour	deux personnes	trois personnes	quatre personnes
Volume de la tente	$V_2 = 0,5 \times 100 \times 120 \times 220$ $V_2 = 1\,320\,000$ cm³ = 1,320 m³	$V_3 = 0,5 \times 140 \times 160 \times 255$ $V_3 = 2\,856\,000$ cm³ = 2,856 m³	$V_4 = 0,5 \times 160 \times 200 \times 275$ $V_4 = 4\,400\,000$ cm³ = 4,400 m³
Volume d'air	$V = 0,5 \times 1,320 = 0,66$ m³	$V = \dfrac{1}{3} \times 2,856 = 0,952$ m³	$V = 0,25 \times 4,400 = 1,1$ m³

3 Le volume du parallélépipède est : $12 \times 2 \times 1 = 24$ m³.
Le volume du demi-cylindre est : $\dfrac{1}{2} \pi \times (1)^2 \times 12 = 6\,\pi$ m³.

Le volume de la serre est : $(24 + 6\,\pi)$ m³ = $(24\,000 + 6\,000\,\pi)$ l.
La valeur arrondie à l'unité est 42 850 litres.

4 Volume d'eau reçu par la pelouse :
$\pi \times (10)^2 \times 0,003 = 0,3\,\pi$ m³ = 300 π l
Un arrosoir contient 6 l. $\dfrac{300\pi}{6} = 50\,\pi$. La valeur arrondie de 50 π au dixième est 157,1. Il faudra verser 158 arrosoirs sur la pelouse.

5 La hauteur du triangle de base du prisme = $9 - 6 = 3$ m.
L'aire de base du prisme = $\dfrac{1}{2} \times 4 \times 3 = 6$ m².

Le volume du prisme = $6 \times 8 = 48$ m³.
Le volume du parallélépipède = $4 \times 8 \times 6 = 192$ m³.
Le volume de la maison = $48 + 192 = 240$ m³.

Corrigés détachables

30 Gestion de données : diagrammes

J'observe et je retiens

■ On peut représenter une série statistique sous plusieurs formes : **diagrammes circulaires** (voir fiche 31), **diagrammes en bâtons** ou **à barres**, **histogrammes**. Il s'agit de choisir la représentation la mieux adaptée à l'étude réalisée.

Exemple 1 : Tableau donnant la répartition de l'alimentation du renard en été. (Les mammifères représentent 30 % de l'alimentation du renard en été.)

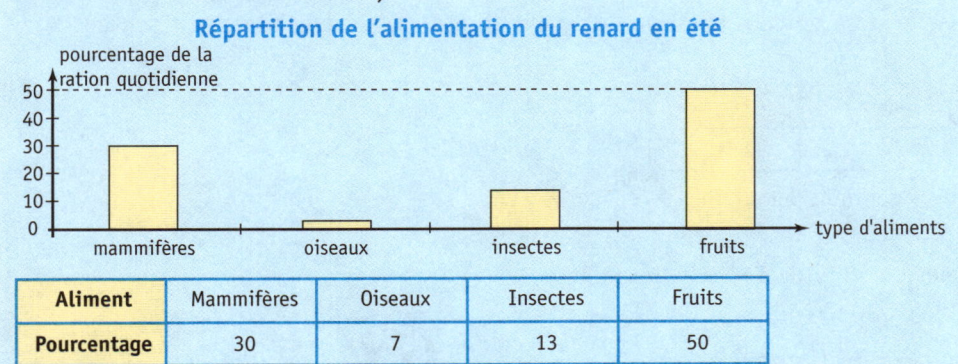

Répartition de l'alimentation du renard en été

Un diagramme en bâtons sera constitué de quatre bâtons, leur hauteur sera proportionnelle à l'effectif du caractère étudié.

Aliment	Mammifères	Oiseaux	Insectes	Fruits
Pourcentage	30	7	13	50

Exemple 2 : Représentation sous forme d'un histogramme de la répartition de la taille des élèves d'une classe de 5e.

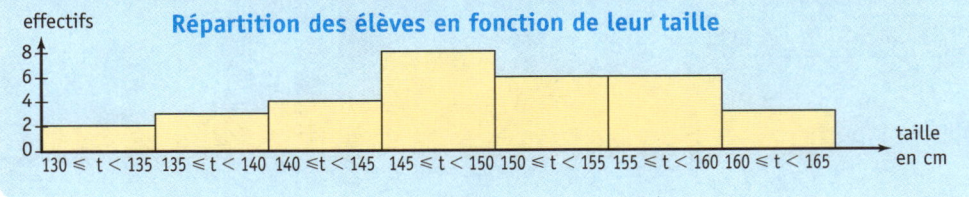

Répartition des élèves en fonction de leur taille

8 élèves ont une taille comprise entre 145 cm et 150 cm.
On utilise un histogramme quand les données ont des valeurs continues.

J'applique

❶ En 2004, les cinq pays qui ont accueilli le plus grand nombre de touristes étrangers sont l'Espagne, l'Italie, la Chine, les États-Unis et la France.

Pays	Espagne	Italie	France	États-Unis	Chine
Nombre de touristes étrangers en millions	54	38	75	46	42

Représente graphiquement les données de ce tableau dans un diagramme à bâtons.

❷ Voici les notes obtenues au dernier contrôle de mathématiques d'une classe de 5e.

15 ; 15 ; 06 ; 08 ; 07 ; 12 ; 16 ; 14 ; 12 ; 07 ; 18 ; 13 ; 13 ; 18 ; 14 ; 05 ; 14 ; 14 ; 13 ; 16 ; 12 ; 15 ; 06 ; 11 ; 10 ; 03 ; 09 ; 08 ; 10 ; 07 ; 06 ; 03.

1. Réalise un diagramme en bâtons de la répartition des notes lors de ce dernier contrôle.
2. Après avoir regroupé les données dans des classes d'amplitude 4, « de 0 à 4 », « de 4 à 8 », etc. représente la répartition des notes lors de ce devoir par un histogramme.

Je m'entraîne

❸ Voici un tableau qui donne les moyennes de précipitation annuelle (P) dans plusieurs lieux de l'île de la Réunion.
Exemple : à Cilaos, il tombe en moyenne 2170 mm d'eau par an.

Villes	St-Gilles	Etang-salé	St-Louis	St-Denis	Cilaos	Plaine des palmistes	Ste-Rose
P en mm	540	810	1 120	1 630	2 170	4 620	9 300

Réalise un diagramme en bâtons.

31 Gestion de données : diagrammes circulaires

J'observe et je retiens

■ Dans une étude statistique, la représentation sous forme d'un diagramme circulaire (ou semi-circulaire) est la représentation de la répartition des données dans un **disque** (ou demi-disque) pour lequel l'angle de chaque secteur angulaire est proportionnel à l'effectif du caractère.

■ L'effectif total correspond à un angle de 360° (ou 180° pour les semi-circulaires).

Remarque ▶ Si on connaît la fréquence du caractère, on obtient la valeur de l'angle correspondant en multipliant la fréquence du caractère par 360 (ou 180).

Exemple : Voici un tableau donnant la répartition de l'alimentation du renard en été. (Les mammifères représentent 30% de l'alimentation du renard en été.)

Aliment	Mammifères	Oiseaux	Insectes	Fruits
Pourcentage	30	7	13	50

Le diagramme circulaire sera constitué de 4 secteurs angulaires.

■ Calcul de l'angle de chaque secteur :
L'angle correspondant aux mammifères mesure 30 % de 360°. 30 % de 360, c'est $\frac{30}{100} \times 360 = 108°$.

Aliment	Mammifères	Oiseaux	Insectes	Fruits
Pourcentage	30	7	13	50
Angles en °	108	25,2	46,8	180

Répartition de l'alimentation du renard en été

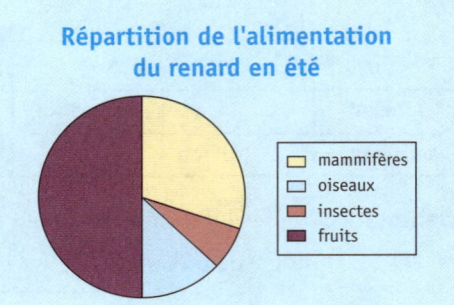

J'applique

1 On reprend l'exercice 2 de la fiche 28.
Représente dans un diagramme circulaire le résultat de cette enquête. Pour cela, complète d'abord la ligne des fréquences, puis celle de la mesure des angles correspondants.

Temps t en heure	0 ≤ t < 0,5	0,5 ≤ t < 1	1 ≤ t < 1,5	1,5 ≤ t < 2,5
Fréquence en %				
Angles en °				

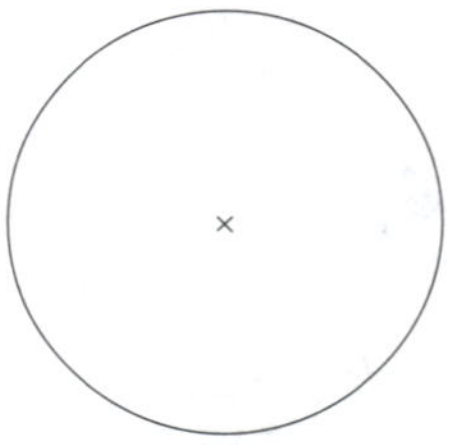

2 On a interrogé 225 personnes ne pratiquant qu'un seul sport pour connaître le sport pratiqué.

Sport pratiqué	Football	Tennis	Handball	Athlétisme	Judo	Basket
Nombre de réponses	75	50	20	30	25	25
Fréquence en fraction						
Angles en °						

Complète la ligne des fréquences exprimées en fraction, puis celle de la mesure des angles dans un diagramme circulaire. Réalise un diagramme circulaire.

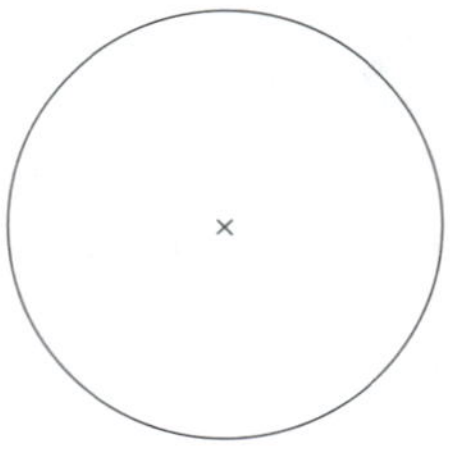

Je m'entraîne

3 Dans un club de judo les seules couleurs de ceinture sont : jaune, vert, bleu, orange, marron et noir. 25 % des adhérents ont une ceinture bleue, il y a autant de marron que d'orange, 10 % des adhérents ont une ceinture noire, 15 % ont d'entre eux ont une ceinture jaune, il y a autant de vertes que de noires.
Dans le diagramme ci-dessous, identifie chaque secteur. Si le club compte 160 adhérents, calcule le nombre de ceintures de chaque couleur.

Répartition des ceintures du club selon les couleurs

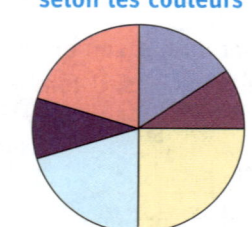

32 Angles : construction

J'observe et je retiens

■ Un angle est défini par deux demi-droites de même origine.
Chaque angle a un sommet (l'origine des deux demi-droites) et deux côtés (les deux demi-droites). À chaque angle, on associe une mesure exprimée en degrés. Le rapporteur permet de mesurer un angle.

Pour construire un angle, on utilise le rapporteur mais on peut aussi utiliser un compas.

■ **Comment construit-on un angle de 25° avec le rapporteur ?**
On construit une demi-droite [Ox).
On place le centre du rapporteur sur le point O et le zéro de la graduation sur la demi-droite [Ox). On repère la graduation 25 et on construit la demi-droite [Oy) qui correspond à cette graduation.

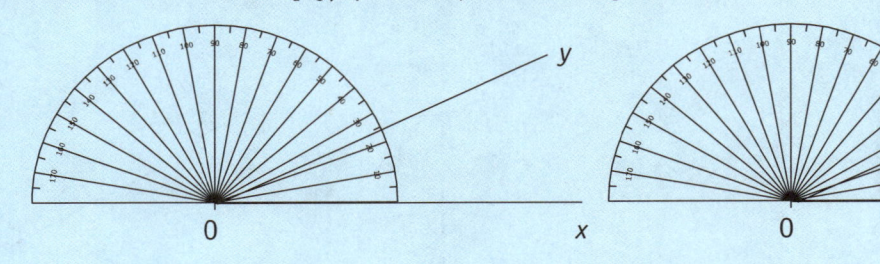

■ **Comment construit-on un angle de même mesure que l'angle $\widehat{zAt}$ sans le rapporteur ?**
On construit un arc de cercle de centre A qui rencontre les deux côtés de l'angle en B et C. On reproduit à l'aide du compas le triangle ABC à partir du point J.

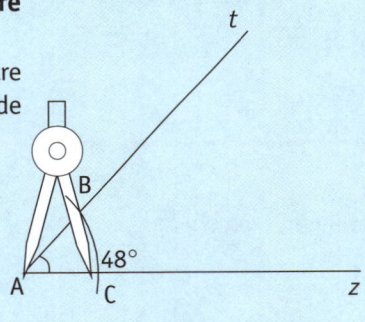

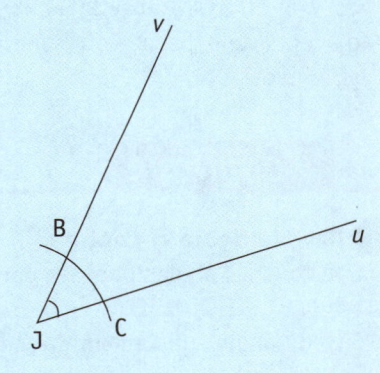

■ **Comment construit-on un triangle ?**
– soit en connaissant la longueur de ses trois côtés (utilisation du compas) ;
– soit en connaissant la mesure d'un de ses angles et les longueurs de ses côtés adjacents (utilisation du rapporteur) ;
– soit en connaissant la mesure de deux de ses angles et la longueur de leur côté adjacent (utilisation du rapporteur).

J'applique

1 Construis le triangle BEC tel que BE = 6 cm ; BC = 7 cm et EC = 3 cm.

2 Construis le triangle PUR tel que $\widehat{PUR}$ = 85°, PU = 4 cm et UR = 3 cm.

3 Construis le triangle AKF tel que AK = 5 cm, $\widehat{AKF}$ = 26° et $\widehat{FAK}$ = 105°.

Je m'entraîne

4 Construis les triangles :
1. ARC : triangle isocèle en A tel que AR = 5 cm et $\widehat{ARC}$ = 34°.
2. SOP : triangle rectangle en O tel que $\widehat{SPO}$ = 42° et OP = 4,5 cm.
3. NET : triangle isocèle en N tel que NE = 5 cm et NT = 6 cm.

33 Angles : vocabulaire

J'observe et je retiens

En 5ᵉ, tu dois apprendre de nouveaux termes de vocabulaire concernant les angles.

- Un angle est défini par deux demi-droites de **même origine**.
- Deux **droites sécantes** déterminent des angles opposés par le sommet.
- Deux **angles opposés** par le sommet ont la **même mesure**.
- Deux **angles adjacents** sont deux angles qui ont le **même sommet** et dont la partie commune est un côté.
- Deux **angles supplémentaires** sont deux angles dont la **somme des mesures est égale à 180°**.
- Deux **angles complémentaires** sont deux angles dont la **somme des mesures est égale à 90°**.

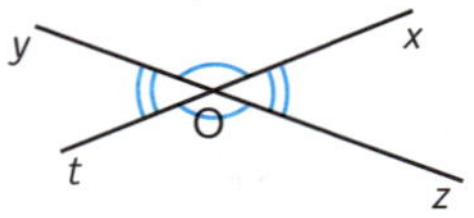

$\widehat{xOz}$ et $\widehat{yOt}$ sont opposés par le sommet $\widehat{xOz} = \widehat{yOt}$.

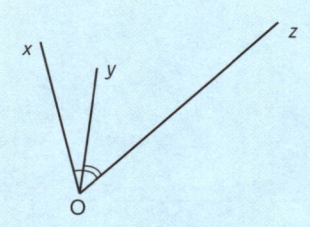

| Les angles $\widehat{xOy}$ et $\widehat{yOz}$ sont adjacents, leur partie commune est le côté [Oy). | Les angles $\widehat{uAv}$ et $\widehat{vAw}$ sont complémentaires et adjacents : $\widehat{uAv} + \widehat{vAw} = 90°$. | Les angles $\widehat{mOn}$ et $\widehat{tHu}$ sont non adjacents mais supplémentaires : $\widehat{mOn} + \widehat{tHu} = 180°$. |

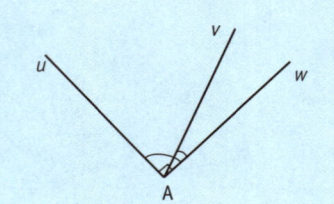

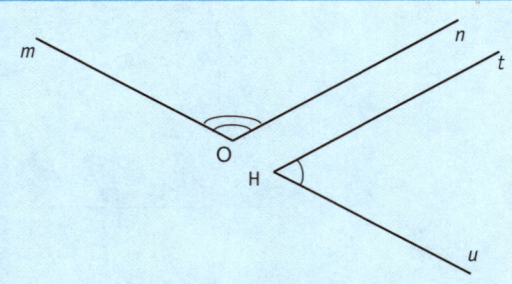

J'applique

1 Dans la figure ci-contre : 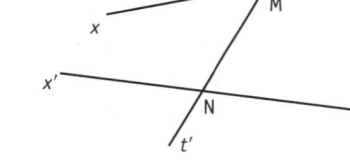
1. Cite tous les angles opposés par le sommet.
2. Cite un angle supplémentaire à l'angle $\widehat{x'Nt}$.
3. Les angles $\widehat{tNt'}$ et $\widehat{tNy'}$ sont-ils adjacents ? Justifie ta réponse.

2 1. Construis un angle $\widehat{xOy}$ de mesure 75°.
Place le point A sur [Ox) tel que OA = 1,5 cm.
Place le point C sur [Oy) tel que OC = 2,5 cm.
2. Construis les points B et D tel que le point O soit le milieu de [AB] et [CD].
3. Complète les phrases suivantes : 
– O est le milieu de [AB] donc _____.
– O est le milieu de [CD], donc les points _____, O et _____ sont alignés.
– Les droites (AB) et (CD) sont sécantes donc elles _____.
– Les angles $\widehat{AOC}$ et $\widehat{BOD}$ sont _____.

Je m'entraîne

3 1. Construis un angle $\widehat{xOy}$ de mesure 35° et un angle $\widehat{yOz}$ adjacent à l'angle $\widehat{xOy}$ de 55°.
2. Quelle est la mesure de l'angle $\widehat{xOz}$ et que peut-on dire des angles $\widehat{xOy}$ et $\widehat{yOz}$?

4 Construis un angle $\widehat{uAv}$ de mesure 40°.
Construis un angle $\widehat{vAy}$ adjacent à $\widehat{uAv}$, dont la mesure est le double de celle de $\widehat{uAv}$.
Construis un angle $\widehat{uAt}$ adjacent à $\widehat{uAv}$ et supplémentaire à l'angle $\widehat{uAv}$.
Construis un angle $\widehat{xOy}$ complémentaire à l'angle $\widehat{uAv}$ et non adjacent à $\widehat{uAv}$.

34 Angles : nouveaux types d'angles

J'observe et je retiens

Soient deux droites (xy) et (zt). Soit (km) la droite sécante avec (xy) en A et avec (zt) en B.
On va simplifier l'écriture des angles de la figure ci-dessous en adoptant la notation suivante :

$x\widehat{A}k = \widehat{A}_1$ $k\widehat{A}y = \widehat{A}_2$ $y\widehat{A}m = \widehat{A}_3$ $m\widehat{A}x = \widehat{A}_4$ $z\widehat{B}k = \widehat{B}_1$ $k\widehat{B}t = \widehat{B}_2$ $t\widehat{B}m = \widehat{B}_3$ $m\widehat{B}z = \widehat{B}_4$

Voici le nom de nouveaux angles :
- Les angles $\widehat{A}_2$ et $\widehat{B}_4$ sont situés à l'extérieur de la bande jaune et sont de part et d'autre de la droite (km).
Ces deux angles sont appelés des **angles alternes-externes.**
$\widehat{A}_1$ et $\widehat{B}_3$ sont aussi alternes-externes.
- Les angles $\widehat{A}_3$ et $\widehat{B}_1$ sont situés à l'intérieur de la bande jaune et sont de part et d'autre de la droite (km).
Ces deux angles sont appelés des **angles alternes-internes.**
$\widehat{A}_4$ et $\widehat{B}_2$ sont aussi alternes-internes.
- Les angles $\widehat{A}_2$ et $\widehat{B}_2$ sont situés du même côté de la droite (km).
$\widehat{B}_2$ est à l'intérieur de la bande jaune et $\widehat{A}_2$ est à l'extérieur.
Ces deux angles sont appelés des **angles correspondants.**
$\widehat{A}_1$ et $\widehat{B}_1$, $\widehat{A}_3$ et $\widehat{B}_3$, $\widehat{A}_4$ et $\widehat{B}_4$ sont aussi correspondants.

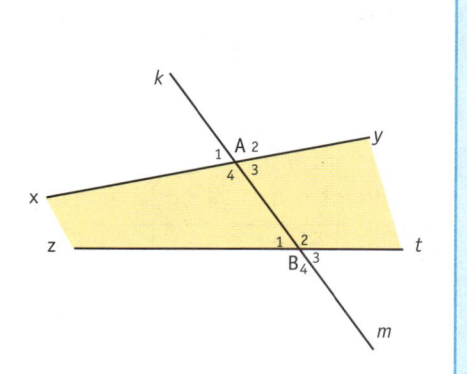

J'applique

1 Complète les phrases à l'aide de la figure ci-contre.
– Deux angles alternes-internes sont _____.
– Deux angles correspondants sont _____.
– L'angle correspondant à l'angle $\widehat{xFE}$ est _____.
– L'angle alterne-externe à l'angle $\widehat{nEt}$ est _____.
– Les angles $\widehat{mFx}$ et $\widehat{zEm}$ sont _____.

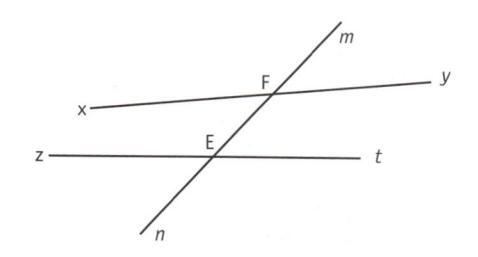

2 Complète les phrases après avoir observé la figure de l'exercice 1.
$x\widehat{F}m$ et $n\widehat{E}t$ sont des _____ formés par les droites _____ et la sécante _____.
$x\widehat{F}m$ et _____ sont des angles correspondants formés par les droites _____ et la sécante _____.
_____ et _____ sont des angles alternes-internes formés par les droites (xy) et (zt) et la sécante _____.

Je m'entraîne

3 Complète le tableau.

Bande de bords (AC) et (BD) avec pour sécante (AB)	Bande (AC) et (BD) avec pour sécante (CD)	Bande (AB) et (CD) avec pour sécante (AC)
L'angle $\widehat{A}_1$ est alterne-externe avec l'angle _____.	L'angle $\widehat{C}_4$ est correspondant avec l'angle _____.	L'angle $\widehat{A}_2$ est alterne-interne avec l'angle _____.

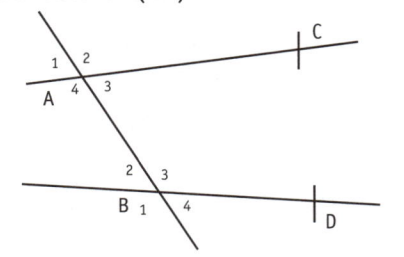

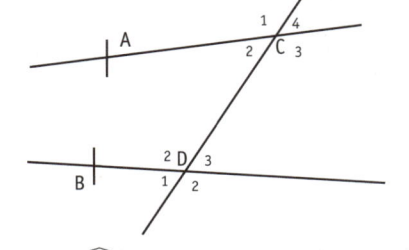

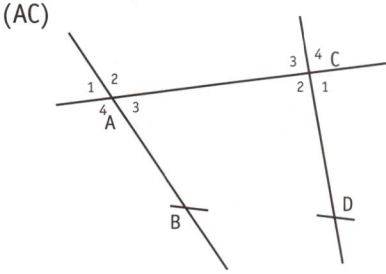

37

35 Symétrie centrale : centre de symétrie (définition et construction)

J'observe et je retiens

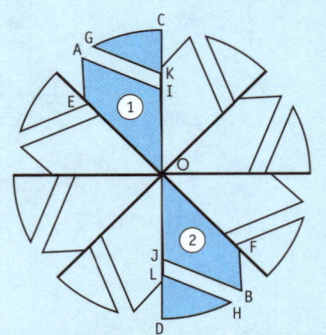

Le segment qui joint deux points correspondants des motifs 1 et 2 a pour milieu le point O.

Le déplacement qui permet de passer du motif 1 au motif 2 est un demi-tour autour du point O ou bien une rotation autour du point O de 180°.

- O est un point fixe du plan.
- Le point B est le symétrique du point A par rapport au point O ; cela signifie que O est le **milieu** du segment [AB] ou bien **OA = OB** avec A, O et B **alignés**.

■ Comment construit-on le point B symétrique du point A par rapport au point O ?

Étape n°1	Étape n°2	Étape n°3	Étape n°4
A et O sont deux points.	On trace la droite (OA).	Avec le compas, on prend la longueur OA. On trace un arc de cercle de centre O et de rayon OA de l'autre côté de O.	Le point B symétrique du point A par rapport à O est le point d'intersection de la droite (AO) et de l'arc de cercle tracé.

■ Un point O est le centre de symétrie d'une figure si, en effectuant un demi-tour autour du point O, la figure reste invariante. (Méthode : on utilise un calque.)

J'applique

1 Construis le symétrique de chaque point par rapport au point O. On note A_1 le symétrique du point A.

2 A est le symétrique de J par rapport à B. Trouve l'emplacement du point B.

3 Le point O est un centre de symétrie et la droite (FB) est un axe de symétrie pour la figure. Complète le tableau.

Point	A	H	F	O
Symétrique de ce point par rapport à O				
Symétrique de ce point par rapport à (FB)				

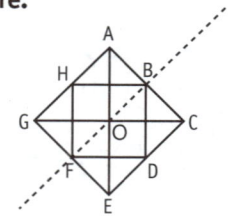

Je m'entraîne

4 1. Construis le point A symétrique du point B par rapport au point M.
2. Construis le point C symétrique du point B par rapport au point A.
3. Montre que BM = MA et AC = AB.

36 Symétrie centrale : symétrique d'une figure

J'observe et je retiens

Dans une symétrie centrale de centre le point O :
– l'image d'une droite est une droite qui lui est parallèle ;
– l'image d'un segment est un segment de même longueur et parallèle ;
– l'image d'une demi-droite est une demi-droite de support parallèle et de sens opposé ;
– l'image d'un cercle de centre I de rayon r par rapport à un point O est un cercle de centre I_1 et de rayon r avec I_1 symétrique de I par rapport à O.
– l'image d'un angle par rapport à un point O est un angle de même mesure.
Les côtés symétriques de ces deux angles sont respectivement des demi-droites parallèles de sens contraires.

■ **Comment construit-on le symétrique d'un cercle de centre I et de rayon r par rapport à O ?**
1. On construit le point I_1 symétrique du point I par rapport au point O.
2. On trace le cercle de centre I_1 et de rayon r (r = rayon du cercle de centre I).

■ **Comment construit-on le symétrique d'un angle $\widehat{xAy}$ par rapport au point O_1 ?**
1. On construit le point A_1 symétrique du point A par rapport au point O_1.
2. On construit les symétriques des demi-droites [Ax) et [Ay) que l'on note $[A_1x_1)$ et $[A_1y_1)$. Le symétrique de l'angle $\widehat{xAy}$ est $\widehat{x_1A_1y_1}$.

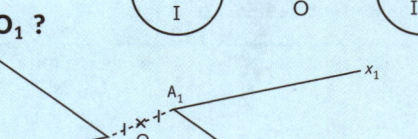

■ **Comment construire l'image d'une droite (D) par rapport au point O ?**

1re méthode : On marque deux points M et N sur la droite (D). On construit les symétriques M' et N' des points M et N par rapport à O. On trace la droite (M'N'). Le symétrique de la droite (D) est la droite (M'N').

2e méthode : On marque un point L sur la droite (D). On construit le symétrique L' de L par rapport à O. On trace la droite (D') parallèle à (D), passant par L'. Le symétrique de la droite (D) est la droite (D').

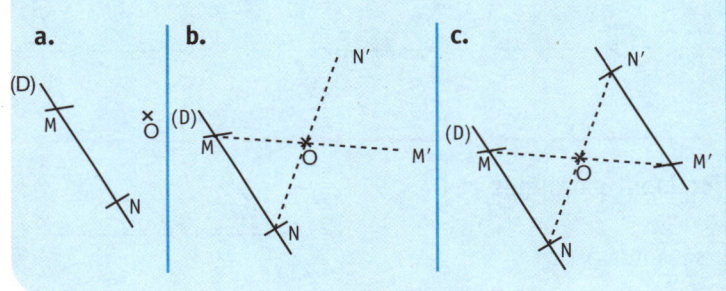

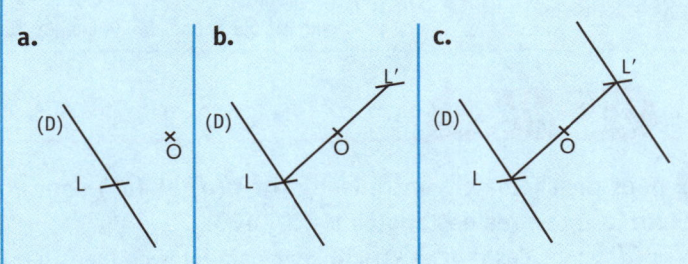

J'applique

1 Construis le symétrique de la figure (F) par rapport au point A.

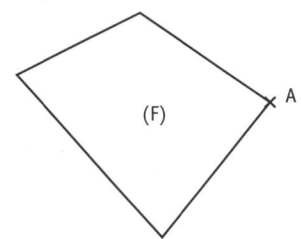

2 Construis le symétrique EFG du triangle MNP par rapport au point I.

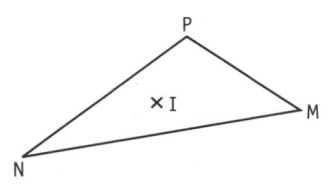

Je m'entraîne

3 On sait que A' est le symétrique de A par rapport à O.
Sans l'aide du point O, construis le symétrique du point B par rapport à O.
Justifie la méthode.

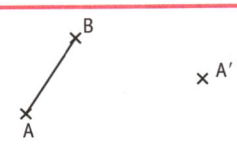

37 Symétrie centrale et angles : propriété directe

J'observe et je retiens

On peut expliquer, grâce à la symétrie centrale, deux propriétés appelées **outils mathématiques** qui ont pour but de te faire comprendre la différence entre **la cause et la conséquence**. Compare les deux tableaux des fiches 37 et 38 qui essaient de t'expliquer la différence entre propriété directe et propriété réciproque.

> ■ Si deux droites coupées par une sécante sont strictement parallèles alors elles déterminent des angles **alternes-internes** de même mesure, des angles **alternes-externes** de même mesure, des angles **correspondants** de même mesure.

Énoncé	Les droites (xy) et (zt) sont strictement parallèles coupées respectivement en E et F par la sécante (mn). L'angle $\widehat{zFn}$ mesure 40°. Calcule la mesure de l'angle $\widehat{xEn}$. 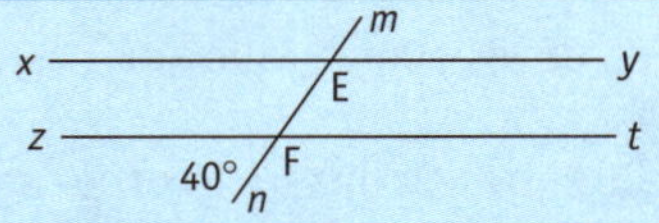
Ce que l'on cherche	La mesure de l'angle $\widehat{xEn}$.
Renseignement de l'énoncé	(xy) // (zt) et $\widehat{zFn}$ = 40°.
Outil mathématique	Si deux droites coupées par une sécante sont strictement parallèles alors elles déterminent des angles alternes-internes de même mesure, des angles alternes-externes de même mesure, des angles correspondants de même mesure.
Conclusion	On peut donc trouver la mesure d'un ou plusieurs angles.
Démonstration	**On sait d'après l'énoncé** que les droites (xy) et (zt) strictement parallèles sont coupées respectivement en E et F par la sécante (mn) et que l'angle $\widehat{zFn}$ mesure 40°. **On sait que** deux droites strictement parallèles coupées par une sécante déterminent des angles alternes-internes de même mesure, des angles alternes-externes de même mesure, des angles correspondants de même mesure. Les angles $\widehat{xEn}$ et $\widehat{zFn}$ sont correspondants donc ont la même mesure. Or $\widehat{zFn}$ mesure 40° donc $\widehat{xEn}$ mesure 40°. **On conclut** que la mesure de l'angle $\widehat{xEn}$ est 40°.

J'applique

1 Dans le schéma ci-contre les droites (d) et (d') sont strictement parallèles et $\widehat{G_1}$ = 57°. Calcule les mesures des angles $\widehat{M_2}$, $\widehat{G_3}$ et $\widehat{M_4}$.

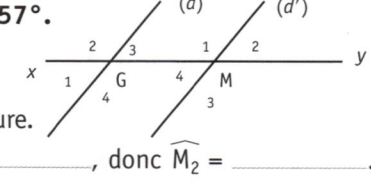

(d) et (d') sont des droites strictement parallèles coupées par la sécante _____.
Elles déterminent des angles alternes–_____ et des angles alternes–_____ de même mesure.
$\widehat{G_1}$ et $\widehat{M_2}$ sont des angles alternes–_____, donc $\widehat{M_2}$ = _____ ; or $\widehat{G_1}$ = _____, donc $\widehat{M_2}$ = _____.
$\widehat{G_1}$ et $\widehat{G_3}$ _____. $\widehat{G_3}$ et $\widehat{M_4}$ _____.

2 Dans le triangle ABC, $\widehat{ACB}$ = 35° et $\widehat{CBA}$ = 65°. La droite (xy) est strictement parallèle à la droite (AC). Détermine la mesure de l'angle $\widehat{ABy}$. Complètes les phrases suivantes :

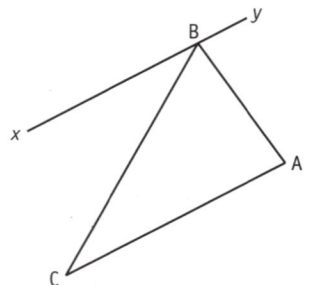

Les droites (AC) et (xy) _____, coupées par la sécante _____, déterminent
des _____.
$\widehat{ACB}$ et $\widehat{CBx}$ sont _____, donc $\widehat{CBx}$ = _____.
B appartient à la droite (xy) donc $\widehat{xBy}$ = _____.
Les angles $\widehat{xBC}$, $\widehat{CBA}$ et $\widehat{ABy}$ sont adjacents deux à deux, donc $\widehat{xBC}$ + $\widehat{CBA}$ + $\widehat{ABy}$ = $\widehat{xBy}$.
On a : _____ + _____ + $\widehat{ABy}$ = 180. Cela signifie que $\widehat{ABy}$ = 180 – _____ Donc $\widehat{ABy}$ = _____.

Je m'entraîne

3 ABCD est un trapèze de bases [AB] et [DC] tel que $\widehat{ABC}$ = 130° et $\widehat{DBC}$ = 75°. 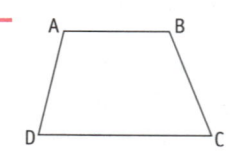
1. Calcule la mesure de l'angle $\widehat{ABD}$.
2. En déduire la mesure de l'angle $\widehat{BDC}$.

38 Symétrie centrale et angles : réciproque

J'observe et je retiens

■ Si deux droites coupées par une sécante déterminent deux angles alternes-internes de même mesure **ou bien** deux angles alternes-externes de même mesure **ou bien** deux angles correspondants de même mesure alors ces deux droites sont parallèles.

Énoncé	Les droites (xy) et (zt) sont coupées respectivement en E et F par la sécante (mn). L'angle $\widehat{zFn}$ mesure 40° et l'angle $\widehat{yEn}$ mesure 140°. Prouve que les droites (xy) et (zt) sont parallèles.
Ce que l'on cherche	Le parallélisme des droites (xy) et (zt).
Renseignement de l'énoncé	(xy) et (zt) coupées par (mn) en E et F et $\widehat{zFn}$ = 40° et $\widehat{nEy}$ = 140°
Outil mathématique	Si deux droites coupées par une sécante déterminent deux angles correspondants de même mesure **ou bien** deux angles alternes – internes de même mesure **ou bien** deux angles alternes – externes de même mesure alors ces deux droites sont parallèles.
Conclusion	On peut montrer que les deux droites sont parallèles.
Démonstration	**On calcule la mesure de l'angle $\widehat{xEn}$.** Le point E est l'intersection de (xy) et de (mn) donc l'angle $\widehat{xEy}$ est un angle plat formé par la somme des angles $\widehat{xEn}$ et $\widehat{nEy}$. Autrement dit $\widehat{xEy}$ = 180° et $\widehat{xEn}$ + $\widehat{nEy}$ = $\widehat{xEn}$ avec $\widehat{nEy}$ = 140°. On a donc $\widehat{xEn}$ = 180 – 140 = 40°. **On sait** que si deux droites coupées par une sécante déterminent deux angles correspondants de même mesure alors ces deux droites sont parallèles. Ici les angles $\widehat{xEn}$ et $\widehat{zFn}$ formés par les droites (xy) et (zt) et la sécante (mn) occupent la place d'angles correspondants de même mesure. **On conclut que** les droites (xy) et (zt) sont parallèles.

J'applique

1 Sachant que $\widehat{vAm}$ = 64° et $\widehat{sBm}$ = 116°, montre que les droites (uv) et (st) sont parallèles.

Le point B appartient à la droite (km), donc les angles $\widehat{sBm}$ et $\widehat{sBk}$ sont _____.

$\widehat{sBm}$ et $\widehat{sBk}$ sont supplémentaires cela signifie que $\widehat{sBm}$ + $\widehat{sBk}$ = _____.

Donc $\widehat{sBk}$ = 180° – _____ = _____ – _____ = _____.

On a $\widehat{sBk}$ = _____ et $\widehat{vAm}$ = _____ donc _____ = _____.

La droite (____) est sécante aux droites (____) et (____). Les angles _____ et _____ sont deux angles _____ de _____.

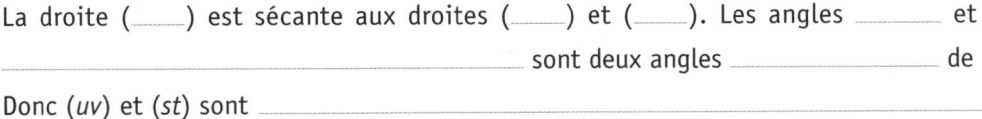

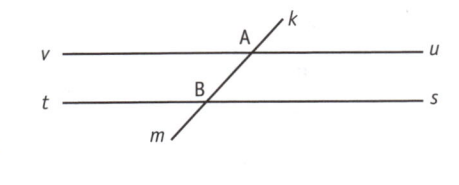

Donc (uv) et (st) sont _____.

Je m'entraîne

2 Les angles $\widehat{mEy}$ et $\widehat{nFt}$ mesurent respectivement 45° et 135°.
Calcule la mesure de l'angle $\widehat{mFt}$.
Démontre que (xy) et (zt) sont parallèles.

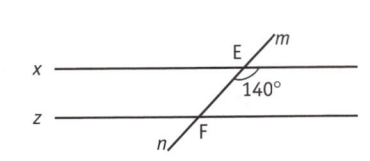

3 1. Construis un triangle ABC tel que BC = 6 cm, $\widehat{ABC}$ = 50° et $\widehat{ACB}$ = 35°.
2. Construis la bissectrice [Ax) de l'angle $\widehat{BAC}$. Place le point E de la demi-droite [Ax) tel que le triangle ACE soit isocèle en C.
3. Démontre que les angles $\widehat{CEA}$ et $\widehat{BAE}$ sont de même mesure.
4. Déduis-en que les droites (AB) et (CE) sont parallèles.

39 Parallélogramme : définition et propriété des diagonales

J'observe et je retiens

■ Un parallélogramme est un quadrilatère qui a **ses côtés opposés parallèles deux à deux**.
ABCD est un parallélogramme signifie que (AB) // (DC) et (AD) // (BC).

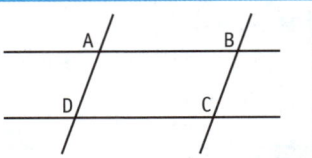

■ Les diagonales d'un parallélogramme **se coupent en leur milieu**.
Les diagonales [AC] et [BD] du parallélogramme ABCD se coupent en leur milieu O, donc AO = OC = $\frac{1}{2}$ AC et DO = OB = $\frac{1}{2}$ BD.

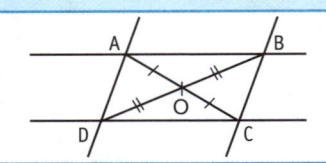

J'applique

Pour les exercices 1 à 4, l'unité est le centimètre.

1 Construis le parallélogramme ABCD tel que $\widehat{DAB}$ = 100°, AB = 4 et DA = 5.
Cite la propriété utilisée pour construire cette figure.

La propriété utilisée est _____

2 Construis le parallélogramme EFGH tel que EF = 4,5, EH = 3 et FH = 6.
Cite la propriété utilisée pour construire les deux figures.

La propriété utilisée est _____

3 Construis le parallélogramme IJKL de centre O tel que IK = 5, JL = 7 et $\widehat{IOJ}$ = 70°.
Cite la propriété utilisée pour construire la figure et complète les pointillés.

La propriété utilisée est _____
OI = _____   OK = _____
OL = _____   OJ = _____

4 1. Construis le triangle ABC tel que AB = 2,5, AC = 3,5 et BC = 5.
2. Marque le milieu I du segment [BC].
3. Construis le symétrique E de A par rapport à I.
4. Trouve le nom de la figure ABEC en citant la propriété utilisée.

Je m'entraîne

5 1. Construis un parallélogramme IJKL de centre M tel que IJ = 2,5 cm, IK = 3,5 cm et JL = 4 cm.
2. Construis le symétrique ABCD du parallélogramme IJKL par rapport à la droite (JK). Que représente la droite (JK) par rapport au segment [IA].
3. Construis le symétrique EFGH du parallélogramme IJKL par rapport au point L. Que représente le point L par rapport au segment [BF] ?

40 Parallélogramme : propriétés

J'observe et je retiens

■ Dans un parallélogramme, les côtés opposés sont de même longueur.

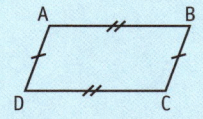

ABCD est un parallélogramme donc AB = DC et AD = BC.

■ Dans un parallélogramme, les angles opposés sont de même mesure.

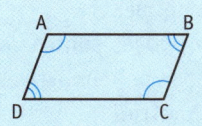

ABCD est un parallélogramme donc $\widehat{ABC} = \widehat{CDA}$ et $\widehat{DAB} = \widehat{BCD}$.

■ Dans un parallélogramme, deux angles consécutifs sont supplémentaires.

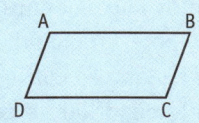

ABCD est un parallélogramme donc les angles $\widehat{ABC}$ et $\widehat{BCD}$ sont supplémentaires. $\widehat{ABC} + \widehat{BCD} = 180°$. De même pour deux autre angles consécutifs du parallélogramme.

J'applique

1 1. Construis sur une feuille le parallélogramme EFGH tel que EF = 5 cm, HE = 3,5 cm et $\widehat{HEF} = 110°$.

2. Quelles sont les mesures des angles $\widehat{EFG}$ et $\widehat{FGH}$? _____

On sait que, dans un parallélogramme, deux angles consécutifs sont _____. Dans le parallélogramme EFGH, $\widehat{HEF}$ et $\widehat{EFG}$ sont des angles consécutifs donc ils sont _____. Cela signifie que $\widehat{EFG} + \widehat{HEF}$ = _____ donc $\widehat{EFG}$ = 180 – _____. Donc $\widehat{EFG}$ = _____.

On sait que, dans un parallélogramme, les angles opposés sont de _____. Dans le parallélogramme EFGH, les angles $\widehat{HEF}$ et $\widehat{FGH}$ sont opposés donc ils sont de _____ $\widehat{HEF} = \widehat{FGH}$ et $\widehat{HEF}$ = _____. Donc $\widehat{FGH}$ = _____.

3. Calcule le périmètre du parallélogramme EFGH. _____

2 1. Dans le schéma ci-contre, construis le point M sur [Ax) tel que OM = OA. Puis construis les symétriques respectifs B et N de A et M par rapport au point O.

2. On considère le quadrilatère AMNB.

Quel est le côté opposé au côté [AM] ? _____

Quel est le côté opposé au côté [MN] ? _____

3. En utilisant la symétrie centrale de centre O, explique pourquoi AM = BN et MN = BA.

_____
_____

4. Complète la phrase suivante :

Le quadrilatère AMNB a ses côtés opposés de _____ et pourtant ce n'est pas un parallélogramme.

Je m'entraîne

3 1. Construis le triangle ABC tel que $\widehat{ABC} = 110°$, AB = 3 cm et BC = 4 cm.

2. Construis la bissectrice [Bx) de l'angle $\widehat{ABC}$. Elle coupe le côté [AC] en E. Construis le point H tel que ABEH soit un parallélogramme.

3. Tu vas déterminer la mesure des angles du parallélogramme ABEH en complétant les phrases suivantes :

[Bx) est la bissectrice de l'angle $\widehat{ABC}$. Cela signifie que $\widehat{ABx} = \dfrac{\widehat{ABC}}{2}$, $\widehat{ABx}$ = _____ E appartient à [Bx) donc $\widehat{ABE}$ = _____.

4. Puis, pour les angles $\widehat{BEH}$, $\widehat{EHA}$ et $\widehat{HAB}$, reprends la même méthode que dans l'exercice 1.

41 Parallélogramme : démonstration

J'observe et je retiens

Pour montrer qu'un quadrilatère est un parallélogramme, on montre que :
– ou bien les diagonales ont le même milieu ;
– ou bien les côtés opposés sont parallèles deux à deux ;
– ou bien les angles opposés sont deux à deux de même mesure ;
– ou bien, pour un quadrilatère convexe, deux côtés opposés sont parallèles et de même longueur ;
– ou bien les angles consécutifs pris deux à deux sont supplémentaires ;
– ou bien le quadrilatère non croisé a un centre de symétrie.

J'applique

1 1. Trace sur une feuille de dessin un triangle EFG tel que EG = 3 cm, $\widehat{FEG}$ = 65° et $\widehat{EGF}$ = 35°.
2. Construis les points H et I symétriques respectifs des points F et G par rapport à E.
3. Démontre que le quadrilatère IHGF est un parallélogramme en complétant les phrases suivantes :

H est le symétrique de F par rapport à E cela signifie que _____.

I est le _____.

Les diagonales [HF] et [GI] du quadrilatère _____

Cela signifie que le quadrilatère IHGF est _____.

2 1. Construis un triangle ABC tel que BC = 6 cm, $\widehat{ABC}$ = 50° et $\widehat{ACB}$ = 70° et un point M sur [AB] tel que AM = 2 cm.
2. Construis la droite parallèle à la droite (BC) passant par le point M qui coupe le segment [AC] en N.
3. Construis la droite parallèle à la droite (AB) passant par le point N qui coupe le segment [BC] en P.
4. Quelle est la nature du quadrilatère BMNP ? La droite parallèle à la droite (BC) passant par le point M qui coupe le segment [AC] en N est la droite (MN). On a donc (BC) // (MN).
La droite parallèle à la droite (AB) passant par le point N qui coupe le segment [BC] en P est _____
_____. On a _____. Or le point M appartient à la droite (AB) donc (BM) est parallèle à (PN). Le quadrilatère BMNP a ses côtés _____. Cela signifie que le quadrilatère BMNP est un _____.

3 1. Construis un parallélogramme ABCD. Construis les points E et F symétriques respectifs des points C et D par rapport à B.
2. Démontre que (EF) // (CD) et que EF = CD, puis que (AB) // (CD) et que AB = CD en complétant les phrases suivantes.

Dans la symétrie de centre B, le point C a pour image le point E et le point D _____.

On sait que dans une symétrie centrale l'image d'une droite est une _____ et l'image d'un segment est

_____. Donc l'image de la droite (CD) est _____ et l'image du segment [CD] est _____.

On a donc (____) // (____) et ____ = ____. ABCD est un _____ cela signifie que _____.

De plus, les côtés d'un parallélogramme sont _____ donc _____.

3. Déduis que (AB) // (EF) et que AB = EF et trouve la nature du quadrilatère non croisé ABFE.

On a (CD) // _____ et (CD) _____ donc _____.

On a CD = _____ et CD = _____ donc _____.

Le quadrilatère non croisé ABFE a _____ donc ABFE est un _____.

Je m'entraîne

4 FURS est un parallélogramme. I est le milieu du segment [RU]. G est le symétrique de F par rapport à I. Quelle est la nature du quadrilatère FUGR ?

42 Triangle : somme des angles

J'observe et je retiens

■ La somme des angles d'un triangle est égale à **180°**.
Cela signifie que dans le triangle ABC : $\widehat{ABC} + \widehat{ACB} + \widehat{BAC} = 180°$.

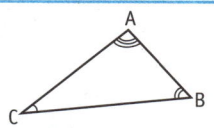

■ **À quoi sert cette règle ?**
Quand on connaît la mesure de deux angles d'un triangle, on peut calculer la mesure du troisième angle.
Exemple : ABC est un triangle tel que $\widehat{A} = 41°$ et $\widehat{B} = 62°$. Quelle est la mesure de l'angle $\widehat{C}$?
On sait que la somme des angles du triangle ABC est égale à 180°. Cela signifie que $\widehat{A} + \widehat{B} + \widehat{C} = 180°$.
$\widehat{A} + \widehat{B} + \widehat{C} = 180°$ cela signifie que $\widehat{C} = 180 - (\widehat{A} + \widehat{B}) = 180 - (41 + 62) = 180 - 103 = 77$. L'angle $\widehat{C}$ mesure 77°.
Cette règle permet aussi de **réaliser la construction** d'un triangle (voir exercice 4).
Cette règle valable pour tous les triangles a pour conséquence :

■ Dans un **triangle équilatéral**, la mesure de chaque angle est égale à 60°.
■ Dans un **triangle rectangle**, la somme des mesures des angles aigus est égale à 90° ou encore les angles aigus sont complémentaires.

J'applique

1 Construis un triangle ABC tel que AB = 5 cm, $\widehat{BAC} = 65°$ et $\widehat{ABC} = 40°$. Calcule la mesure de l'angle $\widehat{ACB}$. Vérifie avec le rapporteur.

2 EFG est un triangle isocèle en E tel que $\widehat{EFG} = 40°$. Quelle est la mesure de l'angle $\widehat{EGF}$?
(Rappel : dans le triangle EFG isocèle en E, les angles $\widehat{EFG}$ et $\widehat{EGF}$ ont la même mesure.)
$\widehat{EGF} = $ _____
Calcule la mesure de l'angle $\widehat{FEG}$:
$\widehat{FEG} = $ _____

3 Les triangles ci-dessous existent-ils ?

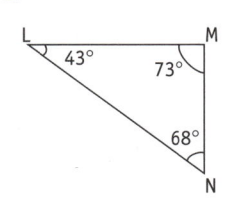

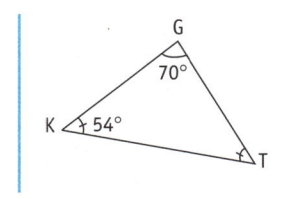

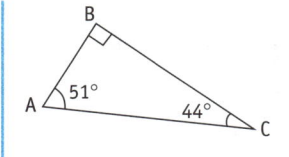

Justification par un calcul :

Je m'entraîne

4 Construis un triangle MNO tel que MO = 6 cm, $\widehat{MNO} = 36°$ et $\widehat{MON} = 48°$.
Indication : une figure tracée à main levée sur laquelle tu portes toutes les indications de l'énoncé montre qu'il faut d'abord faire un calcul d'angle.

5 Construis un triangle JET isocèle en T tel que $\widehat{JTE} = 35°$ et JE = 6 cm.

6 Quelle est la nature des triangles suivants ?
Triangle RAS : $\widehat{RSA} = 39°$ et $\widehat{ARS} = 51°$. **2.** Triangle BUT : $\widehat{TUB} = 86°$ et $\widehat{TBU} = 47°$.

43 Triangle : inégalité triangulaire

J'observe et je retiens

■ Pour trois points non alignés A, B et C définissant un triangle, la longueur de n'importe lequel des côtés du triangle est strictement inférieure à la somme des longueurs des deux autres côtés du triangle.

$\quad$ AB < AC + CB $\qquad$ AC < AB + BC $\qquad$ BC < BA + AC

■ L'inégalité qui a été écrite pour chaque côté du triangle est appelée **inégalité triangulaire.**

Remarque ▶ I, J et K sont trois points. Dans le cas où IJ = IK + KJ, cela signifie que K appartient au segment [IJ].
Pour vérifier si on peut construire un triangle dont la longueur des trois côtés est connue, il suffit de vérifier que la plus grande longueur est inférieure à la somme des deux autres longueurs.

J'applique

1 E, L et Y sont trois points tels que EL = 9,2 cm, LY = 3,4 cm et EY = 5,4 cm.
T, A et Z sont trois points tels que TA = 5,6 cm, AZ = 3,1 cm et TZ = 8,7 cm. Coche la bonne réponse :

ELY est un triangle.		TAZ est un triangle.	
Les points E, L et Y sont alignés.		Les points T, A et Z sont alignés.	
Il est impossible de placer les trois points E, L et Y.		Il est impossible de placer les trois points T, A et Z.	

2 Peut-on construire un triangle FIN tel que FI = 6 cm, IN = 8,5 cm et FN = 3 cm ?

_____

3 Écris les trois inégalités triangulaires du triangle ci-contre :

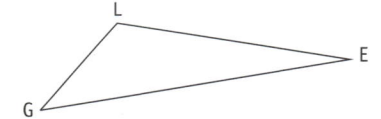

4 1. Le point T appartient au segment [ZQ]. Si ZT = 3,8 cm et TQ = 5,4 cm, calcule la longueur ZQ.
ZQ = _____

2. Le point E appartient au segment [JS]. Si ES = 4,6 cm et JS = 9,8 cm, calcule la longueur EJ.
EJ = _____

3. Le point R appartient au segment [HW]. Si HR = 5,7 cm et RW = 3,9 cm, calcule la longueur HW.
HW = _____

5 Est-il possible de construire les triangles ci-dessous ?

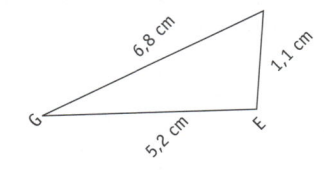

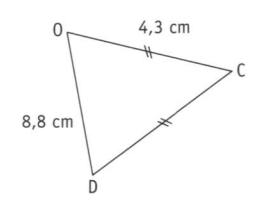

Je m'entraîne

6 POT est un triangle dont les trois côtés ont pour longueur un nombre entier de cm.
Quelle est la plus grande valeur de la longueur OT quand PO = 5 et TP = 3 ?

7 VUS est un triangle isocèle de périmètre 11 cm.
Peut-il avoir un côté qui mesure 6 cm ? Qui mesure 4 cm ? Si oui, construis tous les cas possibles, si non, dis pourquoi ?

44 Triangle : hauteurs et médianes

J'observe et je retiens

Vocabulaire :

- Dans un triangle, une **hauteur** est une droite qui passe par un sommet du triangle et qui est **perpendiculaire** au côté opposé à ce sommet.

- Dans un triangle, une **médiane** est une droite qui passe par un sommet du triangle et par le milieu du côté opposé à ce sommet.

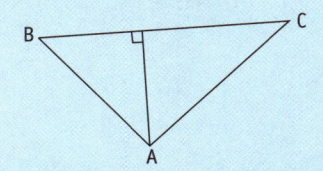

La hauteur qui passe par le sommet A, est perpendiculaire au côté [BC].
On dit que la hauteur est issue du sommet A ou encore que c'est la hauteur relative au côté [BC].

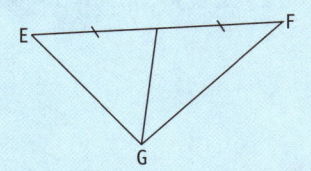

La médiane qui passe par le sommet G passe par le milieu du côté opposé [EF].
On dit que la médiane est issue du sommet G ou encore que c'est la médiane relative au côté [EF].

Remarque ▸ Une hauteur peut être à l'extérieur du triangle (voir ex. 2).

J'applique

1 Construis :

la hauteur issue de S   la médiane issue de P 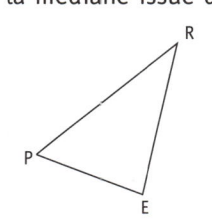   la médiatrice du côté [MD]

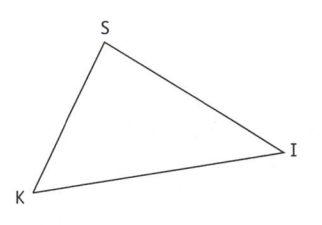

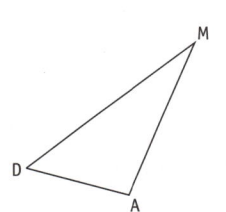

2 Construis en vert la hauteur issue du sommet O.
Que remarques-tu sur la position de cette hauteur ?

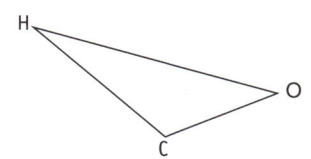

3 D'après le codage de la figure, que représente la droite (d) ?

1.   2.   3.

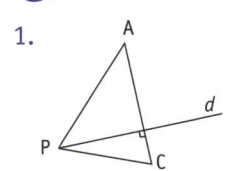

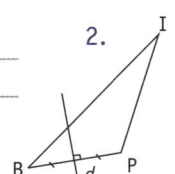

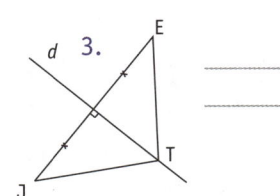

Je m'entraîne

4 Construis trois triangles FER, TER et VER tels que RE = 5 cm et la médiane relative au côté [RE] mesure 4 cm. De plus le triangle VER est isocèle en V.

5 Dans un triangle, construis les trois médianes. Dans un autre triangle, construis les trois hauteurs. Que constates-tu ?

45 Cercle circonscrit à un triangle

J'observe et je retiens

Quand trois points sont non alignés, on peut toujours tracer un cercle qui passe par ces trois points.

■ Pour tout triangle, les **médiatrices** des trois côtés se coupent en un point. Ce point est le **centre du cercle circonscrit au triangle**, c'est-à-dire le cercle qui passe par les trois sommets du triangle.

Remarque ▸ On sait que les médiatrices des trois côtés d'un triangle sont **concourantes**. Quand on veut tracer le cercle circonscrit à un triangle, il suffit de tracer les médiatrices de deux côtés du triangle : elles sont sécantes et leur point d'intersection est le centre du cercle circonscrit au triangle.

J'applique

1 Pour chaque triangle, construis son cercle circonscrit.

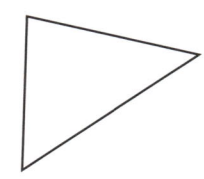

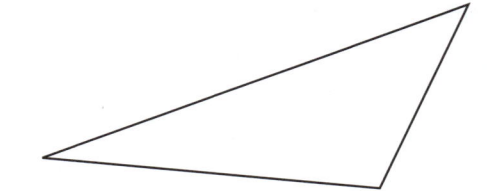

2 Construis le triangle ADN tel que AD = 4 cm, $\widehat{ADN}$ = 106° et DN = 5,5 cm.
Construis le cercle circonscrit au triangle ADN.

3 Construis un triangle MNP rectangle en M.
Construis le point Q tel que MNQP soit un rectangle et O soit le point d'intersection des diagonales.
Tu vas démontrer que O est le centre du cercle circonscrit au triangle MNP. Complète les phrases suivantes.

On sait que dans un rectangle les diagonales se coupent _____ et sont _____. Dans le rectangle MNQP, les diagonales sont _____ et _____. Donc O est le milieu de _____ et de _____ et on a NP = _____. Donc OM = $\dfrac{}{2}$, ON = $\dfrac{}{2}$ et OP = $\dfrac{}{2}$. Par conséquent, OM = ON = OP.
Conclusion : O est le _____ au triangle MNP.

Je m'entraîne

4 Dans la figure ci-contre, les triangles MIN et NIP sont isocèles en I.
Complète les phrases suivantes.

Le triangle MIN est isocèle en I, cela signifie que _____ = _____.
Le triangle NIP est _____, cela signifie que _____ = _____.
On a MI = _____ et IP = _____ donc MI = _____ = _____.
Le point I est _____ des points M, N et P.
Le point I est _____ du cercle circonscrit au triangle _____.

46 Quadrilatère : losange

J'observe et je retiens

- Un quadrilatère non croisé dont les quatre côtés sont de **même longueur** est un losange.

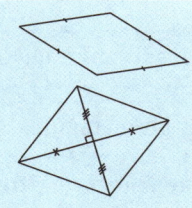

- Dans un losange, les diagonales se coupent en leur **milieu** et sont **perpendiculaires**.

■ **Comment reconnaître un losange ?**

Si les diagonales d'un quadrilatère se coupent en leur milieu et sont perpendiculaires, alors **c'est un losange**.	Si un parallélogramme a ses diagonales perpendiculaires, alors **c'est un losange**.	Si un parallélogramme a deux côtés consécutifs de même longueur, alors **c'est un losange**.

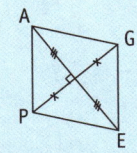

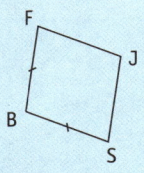

Les diagonales [AE] et [PG] ont le même milieu et sont perpendiculaires, donc EPAG est un losange.

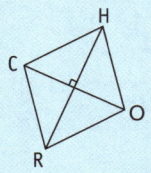

ORCH est un parallélogramme et ses diagonales [RH] et [CO] sont perpendiculaires, donc ORCH est un losange.

BFJS est un parallélogramme et deux de ses côtés consécutifs [BF] et [FJ] sont de même longueur, donc BFJS est un losange.

J'applique

1 Construis un losange ABCD tel que AC = 5,6 cm et BD = 2,4 cm.

2 Construis le losange EFGH tel que I soit le centre du losange et tel que EF = 2,5 cm.

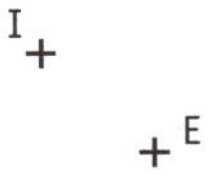

3 1. EFGH est un losange de centre C tel que EG = 2,4 cm et HF = 3,8 cm. Complète les égalités ci-dessous et cite la propriété du losange utilisée.

EC = _____

$\widehat{ECF}$ = _____

HC = _____

2. AERM est un losange.
Complète les égalités ci-dessous et cite la propriété utilisée.

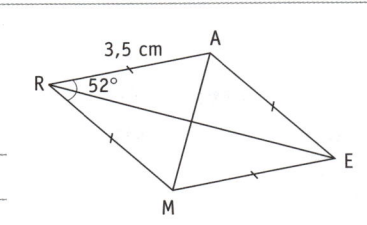

$\widehat{AEM}$ = _____

$\widehat{EMR}$ = _____

3. Calcule le périmètre de AERM : _____

Je m'entraîne

4 Construis un losange de périmètre 18 cm et dont une diagonale mesure 6 cm.

5 Construis deux losanges de côté 3,5 cm non superposables.

47 Quadrilatère : le rectangle

J'observe et je retiens

- Un quadrilatère qui a **quatre angles droits** est un rectangle.

- Dans un rectangle, les diagonales se coupent en leur **milieu** et ont la **même longueur**.

Comment reconnaître un rectangle ?

| Si les diagonales d'un quadrilatère se coupent en leur milieu et sont de même longueur, alors **c'est un rectangle**. | Si un parallélogramme a un angle droit, alors **c'est un rectangle**. | Si un parallélogramme a ses diagonales de même longueur, alors **c'est un rectangle**. |

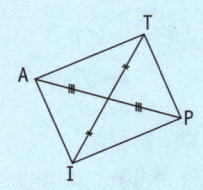

Les diagonales [AI] et [TP] ont le même milieu et sont de même longueur, donc ATIP est un rectangle.

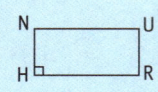

NURH est un parallélogramme et l'angle NHR est un angle droit, donc NURH est un rectangle.

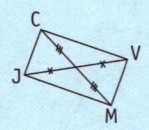

VMJC est un parallélogramme et ses diagonales [CM] et [VJ] sont de même longueur, donc VMJC est un rectangle.

J'applique

1 Construis un rectangle ABCD de centre O tel que AC = 7 cm et $\widehat{AOB}$ = 125°.

2 Construis un rectangle EFGH de centre J tel que $\widehat{EJF}$ = 70°.

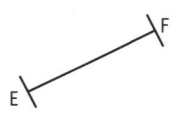

3 HKPR est un rectangle de centre I tel que RI = 3 cm et $\widehat{KHP}$ = 56°.
Complète les égalités ci-dessous et cite la propriété utilisée.
KI = _____
$\widehat{HKI}$ = _____
$\widehat{HIK}$ = _____

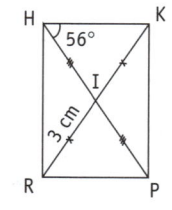

4 PILE est un rectangle tel que PL = 6 cm.
Quelle est la longueur IE ? Justifie ta réponse.
_____
_____

Je m'entraîne

5 Construis un rectangle MNPQ tel que MN = 7 cm et $\widehat{QNP}$ = 31°.

6 Dans le plan muni d'un repère, place les points P (– 1 ; 2) ; G (2 ; 3) et K (4 ; – 3). Place le point R tel que PGKR soit un rectangle. Lis les coordonnées du point R.

48 Quadrilatère : le carré

J'observe et je retiens

- Un quadrilatère qui a **quatre angles droits** et **quatre côtés de même longueur** est un carré.
  Un carré est à la fois un **losange** et un **rectangle**.
- Les **diagonales** d'un carré se coupent en leur **milieu**, sont **perpendiculaires** et sont de **même longueur**.

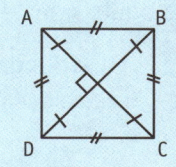

- **Comment reconnaît-on un carré ?**

Si un losange a un angle droit, alors c'est un carré.	Si un parallélogramme a deux côtés consécutifs de même longueur, alors c'est un carré.	Si un parallélogramme a ses diagonales de même longueur et perpendiculaires, alors c'est un carré.
FIME est un losange et il a un angle droit : FIM, donc FIME est un carré.	CAVE est un parallélogramme et les côtés consécutifs [CA] et [AV] sont de même longueur, donc CAVE est un carré.	BTSU est un parallélogramme et ses diagonales [BS] et [TU] sont de même longueur et perpendiculaires, donc BTSU est un carré.

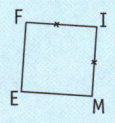

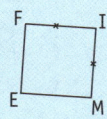

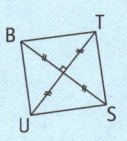

J'applique

1 Construis un carré ABCD dont les diagonales mesurent 4 cm.

2 Construis un carré EFGH tel que O soit le centre du carré.

+ O

3 Soit un cercle (𝒞) de centre O et de rayon 3 cm que tu construis sur une feuille. Construis deux diamètres [AB] et [CD] perpendiculaires. Construis le quadrilatère ACBD.
Démontre que c'est un carré en complétant les phrases suivantes. [AB] est un diamètre du cercle (𝒞) de centre O et de rayon 3 cm. Donc AB = _____ et O est _____. [CD] est _____. Donc _____. [AB] et [CD] sont _____. Les diagonales _____ du quadrilatère ACBD sont _____. Donc ACBD est un _____.

Je m'entraîne

4 TOC est un triangle équilatéral de côté 3 cm. Construis à l'extérieur du triangle sur chacun de ses côtés un carré qui a pour côté le côté du triangle. Place M, I et S les centres des trois carrés. Que peux-tu dire du triangle MIS ?

49 Quadrilatère : synthèse

J'observe et je retiens

■ Quels sont les éléments de symétrie des quadrilatères étudié dans les fiches précédentes ?

Parallélogramme
– Axes de symétrie : aucun.
– Un centre de symétrie : le point d'intersection des diagonales.

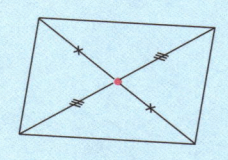

Losange
– Deux axes de symétrie : les diagonales.
– Un centre de symétrie : le point d'intersection des diagonales.

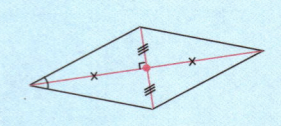

Rectangle
– Deux axes de symétrie : les médiatrices des côtés
– Un centre de symétrie : le point d'intersection des diagonales.

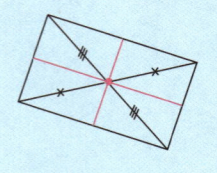

Carré
– Quatre axes de symétrie : les médiatrices des côtés et les diagonales.
– Un centre de symétrie : le point d'intersection des diagonales.

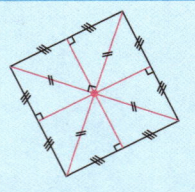

■ Un losange, un rectangle, un carré sont des parallélogrammes particuliers, donc ils possèdent toutes les propriétés d'un parallélogramme.
■ Un carré est à la fois un losange et un rectangle, donc un carré a les mêmes propriétés qu'un losange et qu'un rectangle.
■ Dans un losange, les diagonales sont des axes de symétrie du losange, donc les diagonales sont les bissectrices des angles du losange.

J'applique

1 Construis un carré RUNE tel que RU = 4 cm.
Trace en couleur ses axes de symétrie et son centre de symétrie.

2 Construis un quadrilatère qui a quatre angles droits et qui n'est pas un carré.
Quelle est la nature de ce quadrilatère ?
Trace ses axes de symétrie.

3 Construis un quadrilatère qui a des diagonales de même longueur et qui n'est pas un rectangle.

4 [ET] est un segment de 4,4 cm. Dans chaque cas, construis un carré tel que :

[ET] soit un côté du carré

[ET] soit une diagonale du carré

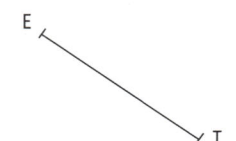

Je m'entraîne

5 KART est un rectangle. I et S sont les symétriques de R et K par rapport au point A.
Démontre que KISR est un losange.
En suivant la même construction, KSIR peut-il être un carré ?

50 Aire du parallélogramme, triangle et disque

J'observe et je retiens

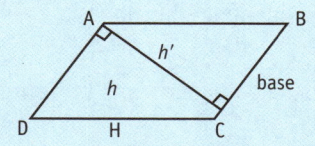

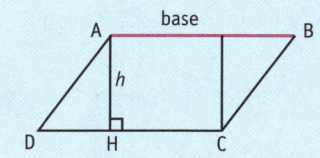

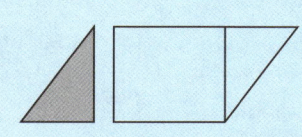

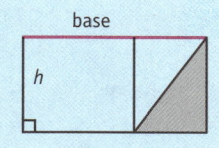

En découpant le parallélogramme ABCD, tu peux reconstituer un rectangle. Les deux figures ont la même aire. On dit que [AH] est une hauteur relative au côté [AB] ou au côté [DC].

■ **L'aire d'un parallélogramme est égale au produit de la longueur d'un côté et de la hauteur relative à ce côté.**

Pour le parallélogramme ABCD, il existe deux hauteurs possibles : aire$_{ABCD}$ = AB × h ou aire$_{ABCD}$ = BC × h'.

En découpant deux triangles ABC superposables, tu peux reconstituer un rectangle.

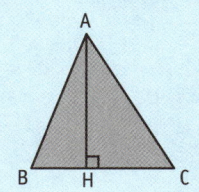

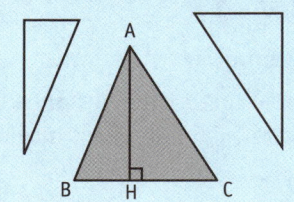

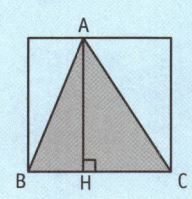

■ **L'aire d'un triangle est égale au demi-produit de la longueur d'un de ses côtés par la longueur de la hauteur relative à ce côté.**

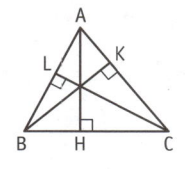

Autrement dit : aire = $\frac{1}{2}$ × (base × hauteur)   aire = $\frac{BC \times AH}{2} = \frac{AC \times BK}{2} = \frac{AB \times CL}{2}$.

On pourra utiliser l'une des 3 formules selon le côté choisi.

■ **L'aire d'un disque de centre O et de rayon r est égale au produit du nombre π et du carré du rayon r.** Autrement dit : aire = $\pi \times r^2$.

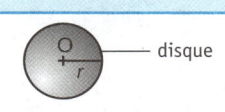

Pi noté π n'est pas un nombre décimal. Sa valeur exacte est π. La valeur arrondie au centième de π est 3,14.

J'applique

1 1. Construis le triangle ABC de hauteur [AH] tel que BC = 5 cm, BH = 2 cm et AH = 2,5 cm.
2. Calcule l'aire de ce triangle.

2 Calcule l'aire du parallélogramme ABJE.

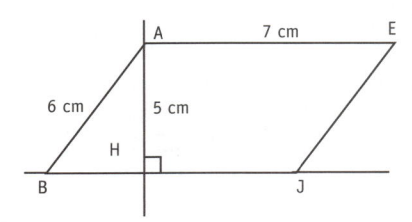

3 Complète le tableau.

Diamètre	60 m					55 km
Rayon		0,25 m		130 m		
Aire exacte			900π m²		625π cm²	
Aire arrondie au centième						

Je m'entraîne

4 ABCD est un parallélogramme tel que AB = 5 cm et AD = 4,5 cm. L'aire de ABCD est égale à 15 cm².
1. Calcule la hauteur relative h au côté [AB].
2. Construis ce parallélogramme.

51 Calcul de l'aire d'une figure : découpage et recomposition

J'observe et je retiens

Pour calculer l'aire d'une figure plus complexe que les figures de la fiche 50, on peut utiliser plusieurs méthodes :

■ **Méthode du découpage et recomposition d'une figure**
Pour calculer l'aire de la partie coloriée, on découpe les deux parties supérieures et on les dispose comme dans la figure 2. On a alors reconstitué un rectangle.
Exemple : Si le cercle a pour rayon 4 cm, l'aire est donc égale à 4 × 8 = 32 cm².

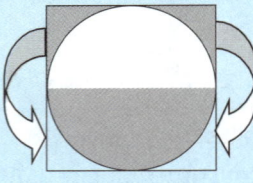

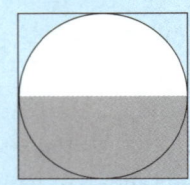

Figure 1   Figure 2

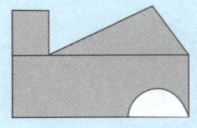

■ **Méthode par décomposition en éléments connus**
Pour calculer l'aire de la surface coloriée, on additionne l'aire du triangle, l'aire du petit rectangle et l'aire du grand rectangle puis on soustrait l'aire du demi-disque

J'applique

1 Voici la pelouse d'un stade :

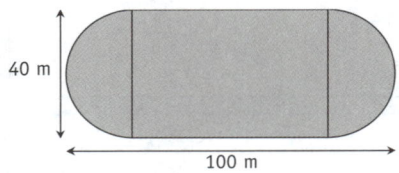

1. Calcule la valeur exacte de l'aire de la pelouse.
2. Calcule la valeur arrondie au millième de m² de l'aire de la pelouse.

2 Reproduis la figure ci-dessous et calcule l'aire de la partie blanche. Le bord extérieur est un carré de côté 5 cm.

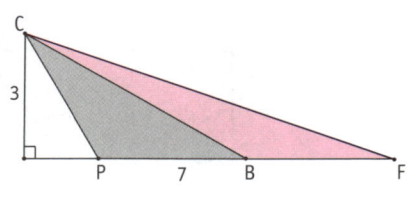

3 Dans le triangle CPF, B est le milieu de [PF]. La hauteur issue de C mesure 3 cm et le côté [PF] mesure 7 cm. Que représente la droite (CB) dans le triangle CPF ? Calcule l'aire du triangle CPB et celle du triangle CBF.

4 Quelle est la nature du polygone IAMSO ? Calcule son aire :

Je m'entraîne

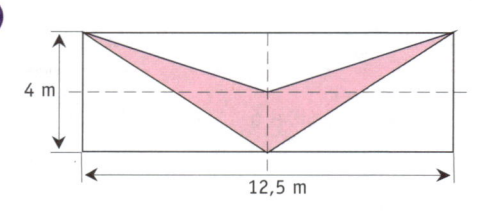

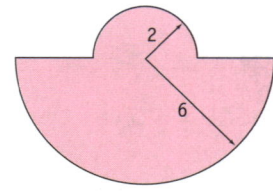

5 Pour chaque figure calcule l'aire de la partie grisée.

52 Prisme droit : présentation

J'observe et je retiens

- Un prisme est un solide dont les **faces latérales sont des rectangles.**
- La base est un polygone.
- Les deux bases sont superposables et sont situées dans des plans parallèles.
- Un prisme est droit quand les faces latérales sont perpendiculaires aux bases.

Dans la représentation en perspective, les arêtes que l'on ne voit pas sont tracées en pointillés.
Les faces rectangulaires ne sont pas obligatoirement représentées par des rectangles mais par des parallélogrammes.
Le prisme ci-contre est un prisme dont la base est un triangle.

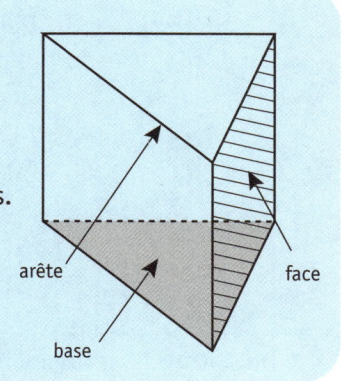

J'applique

1 Complète la présentation du prisme droit ABCD.

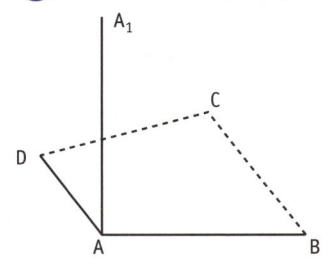

2 ABCA'B'C' est un prisme droit de base ABC.

Dans la réalité, la face ACC'A' est un rectangle.
Sur le schéma, la face ACC'A' est un _____ .

Dans la réalité, l'angle $\widehat{CAB}$ est droit.
Sur le schéma, l'angle $\widehat{CAB}$ est _____ .

Dans la réalité, les longueurs AA' et BB' sont égales.
Sur le schéma, les longueurs AA' et BB' _____ .

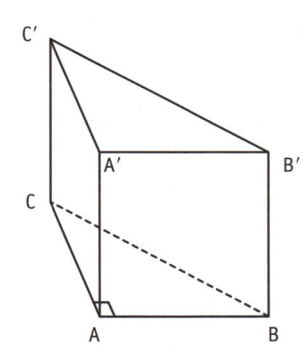

3 Un prisme droit a une hauteur de 1,5 cm et une base triangulaire de dimensions 3 cm ; 4 cm et 5 cm.

Combien de faces a le prisme ? _____
Précise la nature de chaque face : _____
Représente chaque face en vraie grandeur.

Je m'entraîne

4 Combien de faces possède ce prisme ? La base est un losange de côté 4 cm. La hauteur est égale à 6 cm.
Calcule la longueur totale de toutes les arêtes de ce prisme.

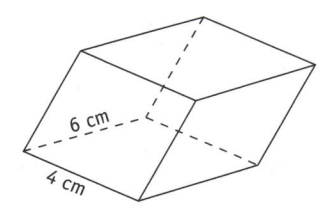

53 Prisme droit : patron, aire latérale

J'observe et je retiens

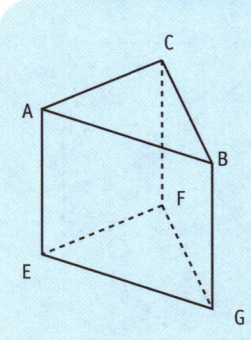

Imagine que tu découpes le prisme en suivant les arêtes [AB], [BC], [EG], [FG] et [BG].
Tu peux alors mettre à plat les faces du prisme.
Tu obtiens la figure ci-contre. À l'aide de pliages, tu peux reformer le prisme.

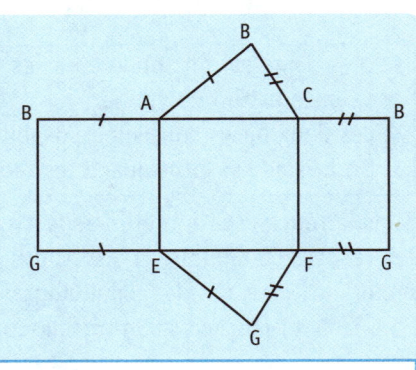

- Un **patron d'un prisme** est une figure plane qui permet de reconstituer le prisme par pliage.
- Un patron d'un prisme droit est donc constitué des deux bases du prisme et de rectangles.
- L'**aire latérale d'un prisme** est la somme des aires des faces perpendiculaires à la base.
- L'aire totale d'un prisme est la somme des aires de toutes les faces du prisme.

J'applique

1 Voici le patron d'un prisme droit à base triangulaire, de hauteur 3 cm.

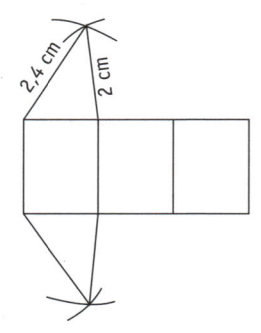

1. Sachant que la longueur totale des arêtes de ce prisme est de 21 cm. Calcule la longueur du troisième côté de la base triangulaire.

2. Calcule l'aire latérale de ce prisme.

2 Complète le patron ci-dessous du prisme droit.

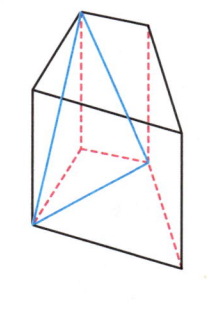

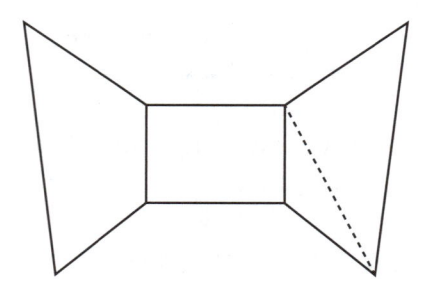

Je m'entraîne

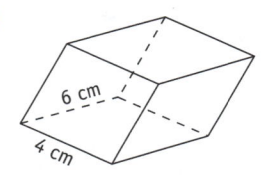

3 La base de ce prisme droit est un losange de côté 4 cm, un angle entre deux côtés du losange mesure 45°. La hauteur est de 6 cm. Réalise un patron de ce prisme droit.

4 Quelle est la hauteur d'un prisme droit dont la base est un triangle équilatéral de côté 5 cm et dont l'aire latérale mesure 3 dm² ?

54 Cylindre de révolution : présentation

J'observe et je retiens

- Un **cylindre de révolution** est un solide engendré par un rectangle qui tourne autour d'un de ses côtés.
- Les **bases du cylindre** sont deux disques superposables, qui sont situés dans deux plans parallèles.
- Une **génératrice d'un cylindre** est un segment joignant deux points du bord de chaque disque de base et qui est perpendiculaire au plan contenant les disques de base.
- La **longueur d'une génératrice** d'un cylindre est égale à la hauteur du cylindre.

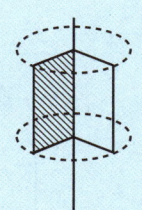

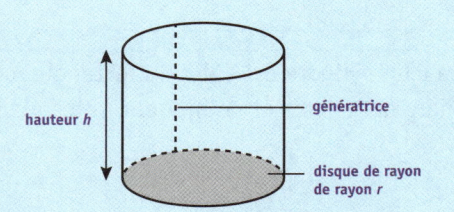

Dans la représentation en perspective d'un cylindre, les bases ne sont pas obligatoirement représentées par des disques, mais par des ovales qu'on appelle, en mathématiques, des ellipses.

J'applique

1 Complète les schémas suivants qui sont des représentations en perspective de cylindres.

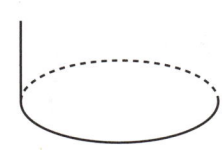

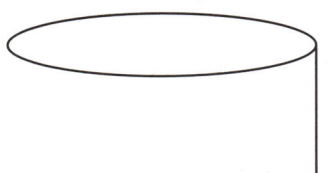

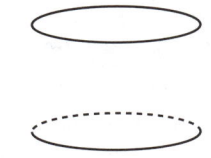

2 Voici un cylindre de rayon 4 cm et de hauteur 7,5 cm.
Quelles sont les longueurs suivantes IA, AB, CD, IC et IJ ?
IA = _____ ; AB = _____ ; CD = _____ ; IC = _____ ; IJ = _____ .

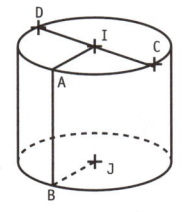

3 Complète les phrases suivantes à l'aide des mots « perpendiculaire », « parallèle », « rectangle », « isocèle ».
[IA] est _____ à [AB]. [BJ] est _____ à [JI].
Les droites (IC) et (JB) sont contenues dans des plans _____ .
Le triangle ABJ est _____ en _____ . Le triangle IAC est _____ en _____ .
Le quadrilatère IABJ est un _____ .

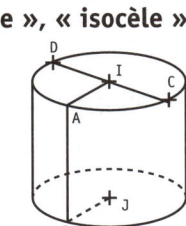

Je m'entraîne

4 On considère un cylindre de révolution de rayon 2,5 cm, de hauteur 4 cm. Calcule le périmètre de sa base.

5 Quelle est la hauteur de ce cylindre ?

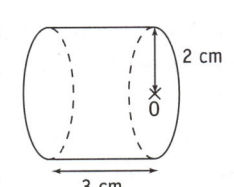

55 Cylindre de révolution : patron et aire latérale

J'observe et je retiens

■ Un patron d'un cylindre de révolution est un dessin à plat qui permet de reconstituer le cylindre par pliage (sans découpage). Le patron est constitué de deux disques de même dimension (les deux bases du cylindre) et d'un rectangle.
Ce rectangle a pour dimensions la hauteur du cylindre et le périmètre du disque de base.

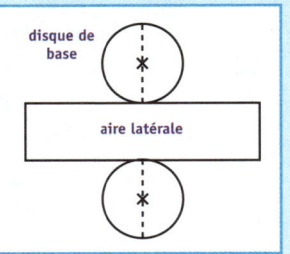

■ L'aire latérale d'un cylindre est l'aire du rectangle, qui est sa face latérale.
■ Pour un cylindre de rayon r et de hauteur h, les dimensions du rectangle sont h et $2\pi r$.

$$\text{Aire latérale} = 2 \times \pi \times r \times h = 2\pi r h.$$

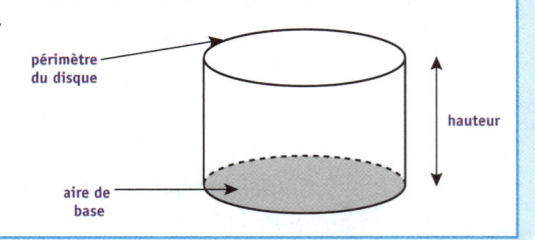

J'applique

1 On considère un cylindre de révolution de rayon de base 1,5 cm et de hauteur 3 cm.

1. Quel est le périmètre du disque de base ? _____
2. Quelles sont les dimensions du rectangle qui est la face latérale du cylindre ? _____
3. Réalise un patron de ce cylindre. Calcule l'aire latérale de ce cylindre : _____
4. Donne la valeur arrondie au cm² _____

2 Trois cylindres ont pour hauteur 10 cm et pour rayons respectifs 1 cm, 3 cm et 7 cm.
Exprime l'aire latérale de chaque cylindre en donnant la valeur exacte.

	Cylindre n° 1	Cylindre n° 2	Cylindre n° 3
Rayon	1 cm	3 cm	7 cm
Aire latérale			

Ce tableau est-il un tableau de proportionnalité ? Justifie.
_____
_____

Je m'entraîne

3 Un cylindre de révolution a un rayon de 4 cm et une hauteur de 1,5 dm.
Calcule l'aire latérale de ce cylindre. Donne sa valeur exacte, puis la valeur arrondie au cm².

4 Une boîte de conserve a une hauteur de 12 cm et un rayon de 5 cm.
Calcule l'aire de l'étiquette qui recouvre sa face latérale (l'étiquette étant collée bord à bord).

56 Unités de volume : conversion

J'observe et je retiens

Il existe deux sortes d'unités pour mesurer les volumes : les unités de volume et les unités de capacités

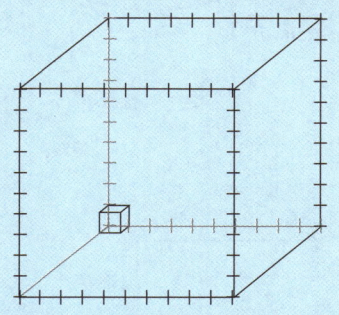

Unités de volume	Unités de capacité	Conversion
Mètre cube ou m³		
	Hectolitre ou hl	
	Décalitre ou dal	
Décimètre cube ou dm³	Litre ou l	1 dm³ = 1 litre
	Décilitre ou dl	
	Centilitre ou cl	
Centimètre cube ou cm³	Millilitre ou ml	1 cm³ = 1 ml
Millimètre cube ou mm³		

Il faut 1 000 petits cubes de 1 cm³ pour remplir le cube de 1 dm³.

■ Selon le sens du déplacement dans le tableau ci-dessus :
Deux unités de volume **qui se suivent** sont 1000 fois plus grandes (ou plus petites). (Voir exemples)
Deux unités de capacité **qui se suivent** sont 10 fois plus grandes (ou plus petites). (Voir exemples)

Exemples :
1 m³ = 1000 dm³ ; 1dm³ = 1 000 cm³ ; 1 cm³ = 1 000 mm³.
On en déduit que 1 m³ = 1 000 000 cm³ ; 1dm³ = 0,001 m³ ; 1 cm³ = 0,001 dm³ ; 1 mm³ = 0,001 cm³.
1hl = 10 dal = 100 litres ; 1l = 10dl = 100cl = 1000 ml ; 1cl = 0,1dl = 0,01 litre.

■ Il existe un lien entre ces deux systèmes d'unité : 1 litre = 1 dm³ ou encore 1ml = 1 cm³.

J'applique

1 Convertis en dm³, puis en cm³ :
5 000 m³ = _____ dm³ = _____ cm³
234 000 mm³ = _____ dm³ = _____ cm³
21,4 m³ = _____ dm³ = _____ cm³

2 Convertis en dm³, en litres, puis en centilitres :
3,5 m³ = _____ dm³ = _____ l = _____ cl
510 cm³ = _____ dm³ = _____ l = _____ cl
452 000 mm³ = _____ dm³ = _____ l = _____ cl

3 Écris l'unité qui convient :
216 m³ = 216 000 _____   43 ml = 0,043 _____   45 l = 0,045 _____   72,531 cm³ = 72 531 _____
36,1 hl = 3 610 000 _____   14 dm³ = 0,014 _____   25,4 dl = 2 540 _____

4 Convertis en dm³ :
36m³ 24 dm³ = _____ dm³   2m³ 7dm³ 49cm³ = _____ dm³   7 500 cm³ 85mm³ = _____ dm³

5 Choisis l'unité de volume qui convient :
Volume d'une chambre : 36 _____   Volume d'un verre : 1,5 _____   Volume d'un flacon de parfum : 75 _____
Volume d'eau dans une piscine : 750 _____   Volume d'air pris en une inspiration par un humain : 0,5 _____

Je m'entraîne

6 Classe en ordre croissant les mesures de volumes suivants :
320 dm³ ; 3,3 m³ ; 350 000 cm³ ; 3,7 dm³ ; 360 500 000 mm³ ; 72 l ; 743 ml ; 795 dm³ ; 7 150 cm³ ; 0,737 dl ; 7 004 000 mm³.

7 En 2 heures, il s'écoule 1,8 m³ d'eau d'un robinet. Combien de temps sera-t-il nécessaire pour remplir 4 bouteilles de 1,5 litre ? (exprime ce temps en secondes).

8 Afin de faire des travaux, un camion a déposé devant la maison de Monsieur Costaud 3 m³ de sable. Monsieur Costaud transporte ce sable dans une brouette. Il fait 120 voyages. Quelle est la contenance en dm³ de chaque brouette ?

57 Volume du prisme droit et du cylindre de révolution

J'observe et je retiens

- Le volume d'un cylindre est égal au produit de l'aire du disque de base par la hauteur du cylindre.
Pour un cylindre de rayon r et de hauteur h : volume$_{cylindre}$ = $\pi \times r^2 \times h$

Attention ▶ 3,14 n'est qu'une valeur approchée de π. La valeur exacte est π.

- Le volume d'un prisme est égal au produit de l'aire de base par la hauteur du prisme.
Autrement dit : volume du prisme = aire de base × hauteur.

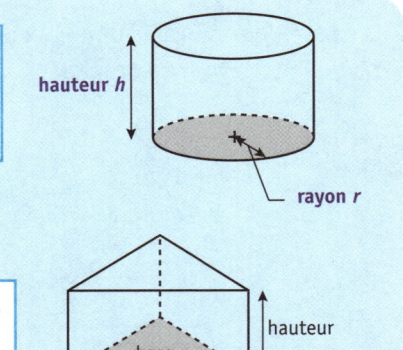

J'applique

1 Une casserole cylindrique a un diamètre de 20 cm et une hauteur de 12 cm.

1. Quel est le volume de cette casserole en cm³ ? Donne la valeur arrondie au dixième de cm³.

2. Calcule la capacité en litres du liquide contenu dans la casserole quand celle-ci est remplie à 4 cm du bord. Donne la valeur arrondie au centième de litre.

3. Pourras-tu faire chauffer 1,5 litre de lait dans cette casserole ?

2 Barbara et Mathieu veulent acheter une tente appelée « canadienne » qui a la forme d'un prisme droit. À l'aide des renseignements ci-dessous, calcule le volume de chaque tente et le volume d'air par personne.

Nombre de personnes	Deux	Trois	Quatre
Longueur de la tente	220 cm	255 cm	275 cm
Largeur de la tente	120 cm	160 cm	200 cm
Hauteur de la tente	100 cm	140 cm	160 cm

Attention ▶ Ici la longueur de la tente est la hauteur du prisme droit.

Tente pour	deux personnes	trois personnes	quatre personnes
Volume de la tente en m³			
Volume d'air en m³ par pers.			

3 Une serre est constituée d'un parallélépipède rectangle de longueur 12 m, de largeur 2 m et de hauteur 1 m, surmonté d'un demi-cylindre de rayon 1 m. Calcule le volume d'air, en litres, contenu dans cette serre. Donne une valeur arrondie à l'unité.

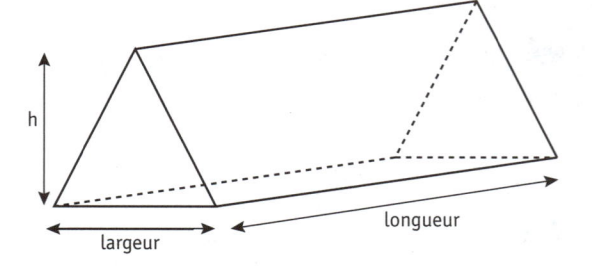

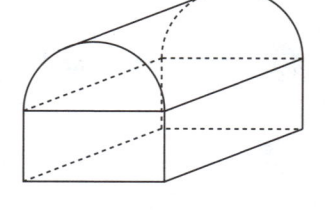

Je m'entraîne

4 Une pelouse circulaire a un diamètre de 20 m. Au cours d'un orage, il est tombé une hauteur de 3 mm d'eau. Combien d'arrosoirs de contenance de 6 l chacun aurait-il fallu verser sur cette pelouse pour fournir au sol la même quantité d'eau ?

5 Calcule le volume de cette maison.

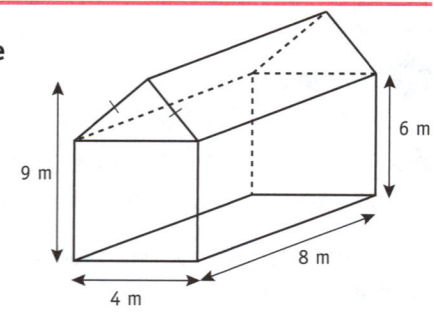

notes personnelles

notes personnelles

notes personnelles